讲案例学技能

# 组合电器故障检测与处理

主编 咸日常 副主编 刘兴华 吕学宾

中国电力出版社
CHINA ELECTRIC POWER PRESS

## 内 容 提 要

《讲案例学技能》系列书立足变电站运维检修工作实践，选取日常遇到的典型故障加以分析，总结经验，以助技术人员提前发现并消除隐患，提高运维能力。

本书是其中一本，选取 220kV 及以下的组合电器运维工作中的 29 个典型案例，按类型分为组合电器局部放电检测、发热检测、漏气检测和其他检测四篇。每个案例包括案例经过、检测分析、隐患处理、总结体会等部分，有翔实数据记录和照片资料、故障分析排查处理过程。通过案例讲授实用技能是本书的特色之一。

本书可供从事变电站运维、检修、试验等的技术人员阅读使用，也可供变电站相关设备生产制造等技术人员阅读。

**图书在版编目（CIP）数据**

组合电器故障检测与处理典型案例 / 咸日常主编. —北京：中国电力出版社，2020.6
（讲案例学技能）
ISBN 978-7-5198-4180-5

Ⅰ. ①组… Ⅱ. ①咸… Ⅲ. ①组合电器–故障检测–案例 Ⅳ. ①TM507

中国版本图书馆 CIP 数据核字（2020）第 022718 号

出版发行：中国电力出版社
地　　址：北京市东城区北京站西街 19 号（邮政编码 100005）
网　　址：http://www.cepp.sgcc.com.cn
责任编辑：马淑范（010-63412397）　李文娟
责任校对：黄　蓓　闫秀英
装帧设计：张俊霞
责任印制：杨晓东
印　　刷：三河市万龙印装有限公司
版　　次：2020 年 6 月第一版
印　　次：2020 年 6 月北京第一次印刷
开　　本：710 毫米×1000 毫米　16 开本
印　　张：10
字　　数：183 千字
印　　数：0001—3000 册
定　　价：60.00 元

# 本书编写工作组

主　　编　咸日常

副 主 编　刘兴华　吕学宾

编写人员　崔　川　姜晓东　刘　林　谢同平
　　　　　汪　可　郝　建　张　宁　于　洋
　　　　　赵彦龙　姜　腾　李　飞　刘　逸
　　　　　何　腾　李　豪　于　芃　张　用
　　　　　郑含博　张镱议　刘捷丰　杨　磊
　　　　　刘　刚　孙　鹏　乔　恒　韩　旭
　　　　　裴　英　杨　超　王仕韬　刘俊杰

组合电器作为电力系统中重要的电气设备之一，对电网的安全可靠运行至关重要。随着电网建设的飞速进步，其重要性日益突出，为提高对组合电器故障的处理及分析能力，我们编写本书。

本书翔实阐述了 220kV 及以下组合电器故障案例的故障经过、检测分析方法、隐患处理情况以及经验体会。从大量的组合电器故障、异常案例出发，详细介绍了发现问题的检测方法及手段，分析整个过程，提供处理方法，在此基础上，加入了带电检测等新型先进检测方法，结合例行试验诊断分析，综合数据融合，分析组合电器的健康状况，提出行之有效的处理措施。

由于时间仓促，加之编者水平有限，书中疏漏和不足之处在所难免，敬请专业同行和专家给予批评指正。

编　者

2019 年 10 月

# 目 录

# 第一篇　组合电器局部放电检测异常典型案例

## 案例一 220kV 组合电器盆式绝缘子沿面 放电故障检测分析

### 1 案例经过

某 220kV 组合电器于 2013 年 5 月投运。2016 年 4 月 13 日，电气试验人员对该变电站进行带电测试，发现 220kV 组合电器 2 号主变压器（简称主变）202 间隔 A 相出线气室有间歇性局部放电（简称局放）信号。分析检测结果显示，该出线气室超声波信号峰值高达 1V，精确定位后确定放电源位于出线气室顶部的盆式绝缘子附近，且信号脉冲个数较少、幅值较大，符合盆式绝缘子沿面放电的特征。5 月 8 日，变电检修人员对该站 2 号主变压器停电解体检查，及时发现了一起设备内部绝缘沿面放电的运行隐患，有效避免了设备事故的发生。

### 2 检测分析

2016 年 4 月 13 日，试验班人员通过超声波、特高频局放检测对某变电站进行带电测试，在 220kV 组合电器设备区 2 号主变压器 202 间隔 A 相出线气室附近发现特高频及超声局部放电信号，如图 1-1 所示。

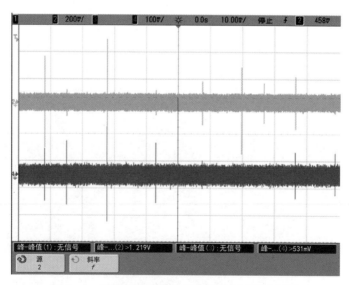

图 1-1 变电站现场测试典型特高频及超声信号

由图 1-1 可见，该特高频信号存在明显的工频相关性，脉冲个数较少，幅值变化较大，具有一定的间歇性，表征该气室绝缘件存在内部或表面放电现象。

为进一步确定放电源具体位置，现场采用特高频时间差定位方法定位。将绿色标识的特高频传感器固定在 202 间隔的 B 相盆式绝缘子上，将红色标识的特高频传感器固定在邻近的 A 相盆式绝缘子上，接收特高频信号图谱如图 1-2 所示。

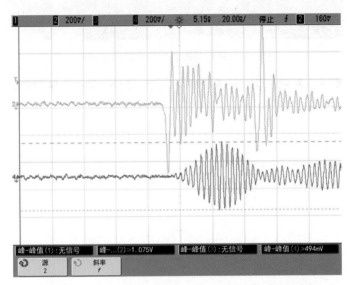

图 1-2　202 间隔信号定位照片及局部放电信号图谱

由图 1-2 可知，紧贴绿色盆式绝缘子的带有绿色标识传感器的特高频信号幅值明显大于红色标识的特高频信号，因而，可以判断放电信号来自组合电器内部。为确定放电源在 202 间隔 A 相上的具体位置，首先对 A 相上的多个盆式绝缘子进行特高频时间差定位测试，其位置如图 1-3 所示，将绿色标识的传感器固定在 202 间隔出线套管气室的绿色盆式绝缘子上，将红色标识的传感器固定在 202-3 隔离开关气室的盆式绝缘子上。固定 202 出线气室顶部盆式绝缘子上的传感器位置不变，将另一个传感器分别依次放置在图 1-3 中其他盆式绝缘子上。测量结果显示：绿色标识的 202 出线气室顶部盆式绝缘子特高频信号在时间上超前于其他盆式绝缘子的特高频信号，如图 1-4 所示。因而，可以判定放电源应该更靠近绿色标识的盆式绝缘子，即靠近出线套管气室，于是，推测特高频信号源应处于 202 出线气室顶部的盆式绝缘子。

根据局部放电检测结果，试验人员立即将相关情况进行了汇报。变电检修人员根据工作计划，决定对 202 间隔的组合电器设备进行解体检查处理，并在停电处理前对其进行跟踪测试，以便及时掌握缺陷发展趋势。

图 1-3 特高频时差定位现场测试照片

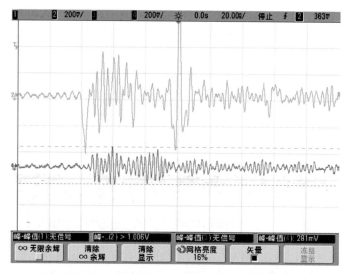

图 1-4 闸盆式绝缘子特高频局部放电信号图谱

## 3 隐患处理情况

2016 年 5 月 8 日，将该站 220kV 组合电器及 2 号主变压器停电，对 202 间隔组合电器解体，检查 202 出线气室，现场检查照片如图 1-5 所示，发现 202 出线气室顶部的盆式绝缘子有明显的沿面放电痕迹，如图 1-6 所示。

由于 X 光探伤探测对绝缘件体积缺陷（如气隙、杂质）较为有效，而对表面缺陷的检测效果不明显，因此判定盆式绝缘子内部绝缘无问题，盆式绝缘子放电路径应为沿绝缘子圆心处的带电金属部件向外侧发展，最终形成表面放电通道。由于绝缘子圆心处带电金属部件周围的场强集中，如果附近有金属颗粒、灰尘等杂质，在电场力作用下会聚集在此周围，导致电场强度进一步畸变，形成沿面放电，放电路径如图 1-7 所示。

图 1-5　吊起 202 间隔 A 相套管和解体后组合电器的检查处理照片

图 1-6　202 间隔出线气室顶部盆式绝缘子拆卸图

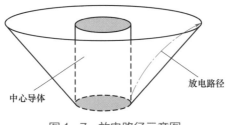

图 1-7　放电路径示意图

综上检测分析，尽管绝缘子表面尚未形成稳定的贯穿性放电通道，但如果任其发展，长期积累，势必导致盆式绝缘子的表面击穿，形成相对地短路故障。

## 4  经验体会

（1）特高频、超声波局部放电检测可以有效发现组合电器内部的绝缘缺陷，但是此次检测到的局部放电信号间歇性强，测试时较难发现，需要测试人员有足够的耐心。

（2）测试时应注意超声波、特高频等不同检测方式的联合应用，以保证测试结果的全面性。

（3）厂家或施工人员现场安装组合电器设备时，应加强安装工艺管理，设备内部应彻底清理干净。验收时严格按照验收标准，认真检查施工记录、监理记录，检查安装时的天气状况、安装工艺、气室清理等是否满足要求。

（4）不同局部放电检测方法有不同的有效检测范围，带电检测过程中应注意多种方法联合应用。

（5）加强对变电站设备的局部放电检测，以便及时发现设备绝缘缺陷，保证设备安全稳定运行。

## 案例二　220kV 组合电器隔离开关与断路器连接气室振动异常检测分析

### 1　案例经过

某 220kV 变电站 220kV 组合电器设备 2012 年 12 月 24 日投运。2016 年 5 月 20 日下午 14 时 30 分左右，电气试验班人员在对该 220kV 变电站进行局部放电检测，发现 220kV 组合电器电城 2 线 213 间隔 −1 隔离开关与断路器之间连接气室有间歇性局部放电信号，超声波信号峰值达到 21dB，放电信号 50、100Hz 相关性明显，符合尖端放电的特征，放电点定位在隔离开关与断路器之间的连接气室。

### 2　检测分析

2016 年 5 月 20 日，电气试验人员采用超声波、特高频方法对 220kV 电城 2 线 213 间隔 −1 隔离开关与断路器之间连接气室进行带电检测。

对电城 2 线 213 间隔进行超声波检测，检测到 −1 隔离开关与断路器之间连接气室时，发现超声波信号异常，超声波信号幅值最大为 21dB，且人耳能听到明显放电声。对超声信号最大处（图 2−4 所示位置）进行超声波幅值、波形和相位图谱检测，得到超声波图谱如图 2−1～图 2−3 所示。

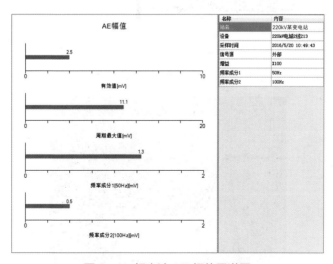

图 2−1　超声波 AE 幅值图谱图

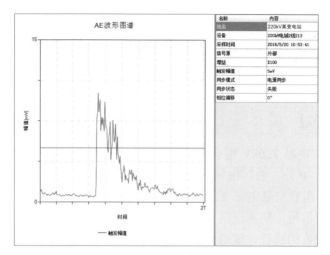

图 2-2　超声波 AE 波形图谱

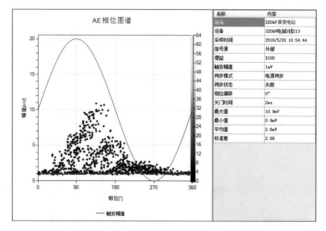

图 2-3　超声波 AE 相位图谱图

图 2-4　超声波信号最大处

由图 2-1 超声波 AE 幅值图谱可知，超声波信号的有效值为 2.5mV，周期最大值为 11.1mV，频率成分 1 为 1.3mV，频率成分 2 为 0.5mV。频率成分 1 和频率成分 2 都有幅值，且频率成分 1 的幅值大于频率成分 2 的幅值，具有典型尖端放电特征。由图 2-2 和图 2-3 波形图和相位图分析，信号周期性明显，两个工频周期内有一簇相似波形，具有尖端放电特征。

因现场盆式绝缘子带有金属屏蔽层，特高频无法检测。

为进一步分析超声波异常的原因，判断组合电器内部放电程度，现场进行了 $SF_6$ 气体成分检测，检测结果见表 2-1，无异常特征成分。

表 2-1 　　　　　　　　　　$SF_6$ 气体成分检测表 　　　　　　　　　　μL/L

| $SO_2$ | $H_2S$ | CO | 微水 |
|---|---|---|---|
| 0 | 0 | 0.1 | 26 |

## 3　测试结果初判

根据测试结果，发现在 213 间隔-1 隔离开关与断路器之间的连接气室存在异常超声波放电信号，初步判定为气室内部有毛刺，产生了尖端放电，因为放电特征明显，建议尽快安排停电检修。

## 4　处理过程

为了验证上述检测结果的正确性，使用不同仪器又进行了 3 次不同的测试。

### 4.1　超声波局部放电检测

（1）检测时间：2016 年 5 月 24 号；天气：晴；环境温度：26℃；相对湿度：62%；风速：1m/s；异常位置如图 2-5 所示，超声波测量图谱如图 2-6～图 2-8 所示。

图 2-5　异常位置　　　　　　　　图 2-6　超声波背景

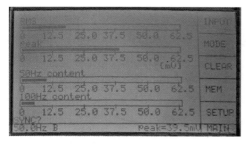 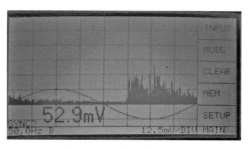

图2-7　超声波测量　　　　　　　图2-8　相位模式测量

（2）检测时间：2016年5月27号；天气：小雨；环境温度：17℃；相对湿度：83%；风速：2m/s；超声波信号最大处如图2-9所示，超声波AE幅值图谱如图2-10所示。

图2-9　超声波信号最大处图　　　　图2-10　超声波AE幅值图谱

### 4.2　特高频局部放电检测

对盆式绝缘子浇筑口进行局部放电特高频检测，没有检测到异常信号。

### 4.3　SF₆分解物检测

对电城2线213间隔B相断路器气室进行$SO_2$和$H_2S$检测，检测值都为0。

### 4.4　超高频局部放电测试

检测时间：2016年5月28号；天气：小雨；环境温度：18℃；湿度：83%；风速：3m/s；超高频局部放电测试图谱如图2-11所示。

### 4.5　超声波局部放电测试

检测时间：2016年5月28号；天气：小雨；环境温度：18℃；湿度：83%；风速：3m/s；超声波局放连续和原始波形图谱如图2-12~图2-13所示。

## 5　结果分析

综合分析以上检测情况，虽然电城2线213间隔-1隔离开关与断路器之间连接气室存在异常超声波放电信号，且现场有明显声音，但由于特高频检测无异常信号，$SF_6$ 分解物检测 $SO_2$ 和 $H_2S$ 含量无异常，判定为气室内部有振动，暂不影响设备正常运行。

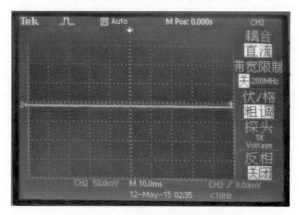

图 2-11　超高频局放测试图谱

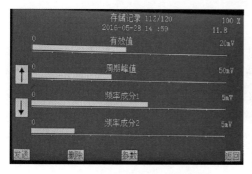

图 2-12　超声波局放连续测量

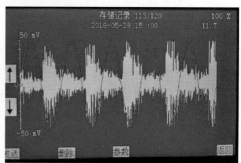

图 2-13　超声波局放原始波形

## 案例三 110kV 组合电器隔离开关气室金属丝引起放电检测分析

### 1 案例经过

2016 年 3 月 25 日，电气试验人员在某 220kV 变电站进行带电检测精测工作时，运用特高频和超声波检测技术发现 110kV 组合电器岚潘线 103 间隔有局部放电信号，通过进一步检测发现放电位置位于该线路 103-3 隔离开关气室靠近 103-D5 接地开关位置，信号呈现较强的电晕放电特征。随后使用 PDS-G1500 的精确定位仪对该信号进行精确定位，确定放电信号位置距该线路 103-D5 接地开关静触头约 10cm。通过停电解体检查，发现该部位有一细长金属丝，和定位的位置完全吻合。

### 2 检测分析

#### 2.1 超声波检测

用超声波检测发现 110kV 组合电器岚潘线 103-3 隔离开关 B 相在连续模式下存在异常信号，如图 3-1 所示，信号有效值约为 9.0mV、峰值约为 16.8mV，有效值及周期峰值较背景值明显偏大；50、100Hz 相关性明显，且 50Hz 相关性大于 100Hz 相关性。相位模式下（见图 3-2）及波形图模式下（见图 3-3），皆具有明显相位聚集效应，一个工频周期内表现为一簇，即"单峰"，放电主要分布在工频周期的负半周。可看出该放电呈典型电晕放电图谱，放电位置判断在壳体部位，如图 3-4 所示。

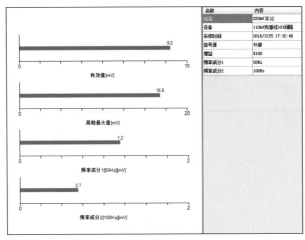

图 3-1 超声波幅值图

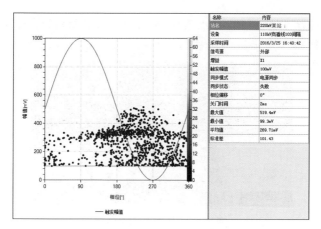

图3-2 超声波相位图

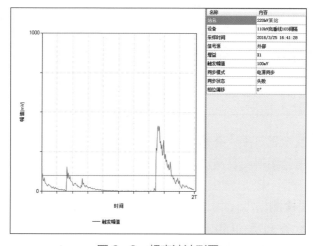

图3-3 超声波波形图

图3-4 测试放电具体位置

将超声传感器沿岚潘线 103-D5 接地开关罐体周围进行测试，所得数据见表 3-1，测试的位置如图 3-5 所示。

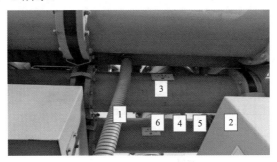

图 3-5　超声传感器位置

表 3-1　　　　　　　　　　　　超 声 测 试 数 据

| 测试位置 | 1 | 2 | 3 | 4 | 5 | 6 |
|---|---|---|---|---|---|---|
| RMS（有效值，mV） | 6.2 | 7.8 | 6.7 | 9.0 | 9.6 | 7.5 |
| peaK（峰值，mV） | 16.8 | 16.5 | 16.2 | 16.8 | 16.4 | 16.3 |
| 50Hz 相关性 | 2.0 | 1.7 | 2.0 | 1.2 | 1.3 | 1.4 |
| 100Hz 相关性 | 0.6 | 0.5 | 0.6 | 0.7 | 0.7 | 0.6 |

从超声波测试数据可知，壳体上的超声波数值最大，放电信号最强，随着与该位置距离增加，信号幅值明显减小，表明放电位于壳体，与通过超声波相位图谱的判断位置一致。

### 2.2　特高频检测

使用手持式设备 PDS-T90 在 110kV 岚潘线 103-3 隔离开关气室及邻近盆式绝缘子、空气环境进行特高频检测，均存在特高频信号，如图 3-6～图 3-9 所示，传感器位置如图 3-10 所示。

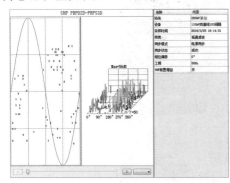

图 3-6　特高频背景图 1

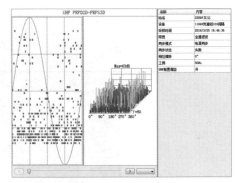

图 3-7　特高频背景图 2

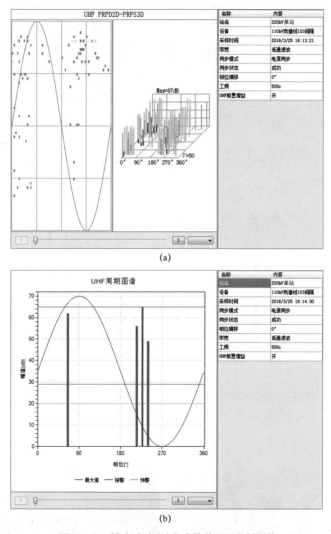

图 3-8　放电点左侧盆式绝缘子测试图谱

（a）测试图谱；（b）UHF 周期图谱

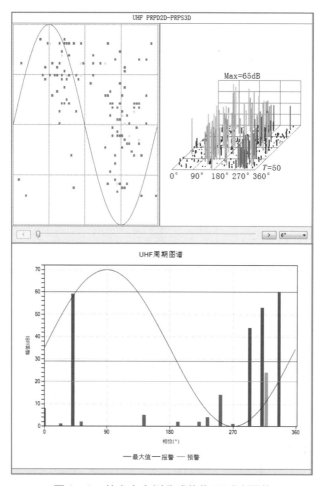

图 3-9　放电点右侧盆式绝缘子测试图谱

图 3-10　左、右侧传感器位置图

从特高频图谱看，工频周期正负半周具有明显的不规则的电极放电特征，正负半周波形不对称且负半周幅值更高，同时该信号具有明显的间歇性，相位分布较窄，放电次数较少，说明电晕放电较为严重。

### 2.3　放电位置定位

将传感器放在放电位置的两侧盆式绝缘子处，检测到的特高频时域波形图如图3-11所示。

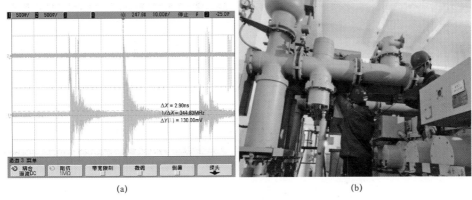

（a）　　　　　　　　　　　　　　　（b）

图3-11　特高频示波器时域波形图及传感器位置

（a）波形图；（b）位置图

从时域波形图可以观察到工频周期内存在异常局放信号，信号幅值最大为1.81V，信号类型有尖端电晕放电的特征，也表现出放电电极不对称的特点，信号存在间歇性。

将紫色、绿色传感器放置在如图3-12对应位置，发现紫色波形略微超前绿色波形，说明放电点靠近两盆式绝缘子中间靠左部位，时差定位结果显示约10cm。

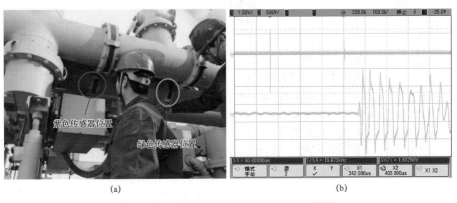

（a）　　　　　　　　　　　　　　　（b）

图3-12　特高频传感器位置及定位波形图

（a）位置图；（b）定位波形图

将紫色、绿色传感器放置在如图 3-13（a）所示位置，发现紫色波形超前绿色波形约 5ns，说明放电点靠近紫色传感器，经测量两传感器之间约为 1.5m，正好是罐体间的长度，说明放电位置位于紫色传感器左侧，定位波形图如图 3-13（b）所示。

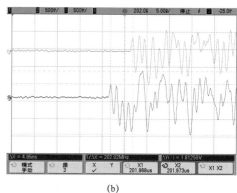

（a） （b）

图 3-13 特高频传感器位置图/定位波形图

（a）位置图；（b）定位波形图

将紫色、绿色传感器放置在如图 3-14 所示位置，发现紫色波形超前绿色波形约 1ns，说明放电点靠近紫色传感器，距离约 0.3m，约为组合电器罐体的直径，说明放电点在罐体底部，定位波形图如图 3-14 所示。

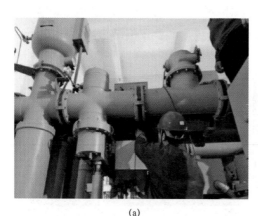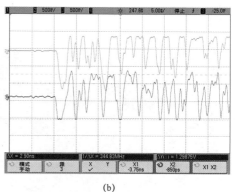

（a） （b）

图 3-14 特高频传感器位置图/定位波形图

（a）位置图；（b）定位波形图

用声电联合进一步定位发现，传感器所测特高频信号、超声波信号呈现一一对应的关系，说明该超声波和特高频信号同属一个信号源产生，声电联合时域图谱如图 3-15 所示。

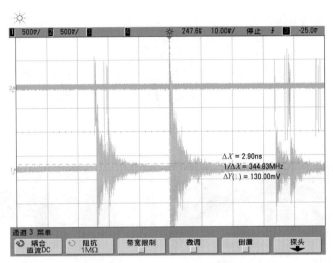

图 3-15　声电联合时域图谱

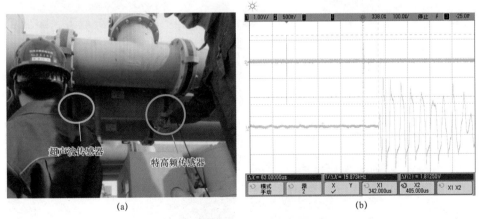

(a)　　　　　　　　　　　　(b)

图 3-16　声电联合定位传感器位置及定位波形图
(a) 位置；(b) 定位波形图

根据时差分析，不断改变超声传感器的位置，最终测出超声波信号和特高频信号时差约为 63μs。声电联合定位传感器位置及定位波形如图 3-16 所示，基本确定异常信号就在黄色超声传感器所在的范围。

## 2.4 综合分析

通过超声波和特高频测试确定 110kV 组合电器岚潘线 103-3 隔离开关 B 相气室内存在局部放电信号,信号幅值最大为 1.8V,综合判断信号类型为尖端电晕放电,在组合电器的壳体底部放电较为严重,建议立即对该缺陷进行处理。

# 3 隐患处理情况

3 月 26 日,110kV 组合电器岚潘线 103 间隔停电,电气试验人员首先进行 $SF_6$ 分解物测试,未发现异常。检修人员对相关气室的气体按标准化流程处理后,打开 103-D5 接地开关顶部盖板,对相关部位特别是屏蔽罩、触头座、导体等部位的螺栓、压接面进行详细检查,未发现问题,如图 3-17 所示。

图 3-17　岚潘线 103-D5 接地开关内部图

随后厂家技术人员用内窥镜对组合电器内部气室进行检查,发现在图 3-18 所示位置有类似金属丝或划痕,放电位置及内窥镜测试图如图 3-18 所示。

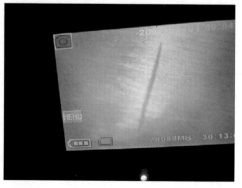

图 3-18　放电位置及内窥镜测试图

技术人员戴上防尘手套对内部进行触摸检查，发现了一铝制金属丝已被压扁，边缘附带密封胶，如图 3-19 所示。

图 3-19　查找出的金属丝

继续检查其他部件未发现问题。经询问，岚潘线在发现放电前曾进行停电检修，其中一项工作为"110kV 岚潘线 103-3 隔离开关气室压力降为 0.38"缺陷处理。因此怀疑 110kV 岚潘线 103-3 隔离开关气室放电原因为：在设备制造阶段，由于施工工艺不严谨，该线 103-D5 接地开关顶部盖板与组合电器罐体的接触面遗留金属丝（金属丝留有密封胶及被压扁），在运行中由于金属丝导致对接面存有缝隙，造成气室漏气以及压力低报警缺陷。厂家在进行消缺打开顶部盖板时，金属丝脱落掉进组合电器内部，由于位置较为隐蔽，检修阶段没有被发现。送电后该金属丝造成尖端电晕放电，与带电检测图谱所分析的结果一致。

缺陷处理完毕并静置 24h 后，电气试验人员进行气体微水测试合格，送电后进行带电检测，未发现异常信号。送电后测试图谱如图 3-20 所示。

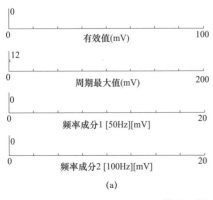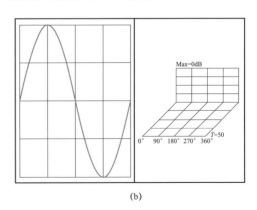

(a)　　　　　　　　　　　　　　(b)

图 3-20　送电后测试图谱

（a）AE 幅值；（b）UHF 波形图

## 4 经验体会

（1）110kV 组合电器岚潘线 103 – 3 隔离开关 B 相气室内电晕放电是在设备检修后进行带电检测时发现的，应加强设备修前后，特别是涉及设备解体检修工作后的带电检测工作。一是提前发现设备隐患以便设备班组早准备，二是及时发现检修过程中可能留下的隐患。

（2）特高频和超声波局部放电检测可以有效检测出组合电器设备内部局部放电及震动信号，提前发现放电隐患。常规巡检仪器对判断故障点存在局限性，在进行组合电器气室内部放电点定位时，可以采用特高频局部放电检测和超声波局部放电的声电联合定位方法，以便准确判断局部放电发生位置，初步判断故障的元器件，便于检修人员有针对性地进行备品、备件准备，提高工作效率，缩短停电检修时间。

（3）组合电器内部局部放电很大比例是由于制作厂家设计、制造或施工环节管控不严引起，遗留的隐患通过常规试验甚至耐压试验都无法有效发现。因此在可研、设计、制造、安装等各环节应加强设备全过程技术监督，验收提前介入，关口前移，在制造阶段进行整改可避免运行阶段进行整改的设备受停电、施工环境等因素制约。

## 案例四　110kV 组合电器隔离开关连接拉杆松动异常检测分析

### 1　案例经过

某 220kV 变电站 110kV 组合电器的型号为 ZF12B－126（L），出厂日期 2015 年 1 月 10 日，2016 年 3 月 15 日投运。

送电后线路未带负荷，现场巡视未发现异常。2015 年 3 月 16 日，在 1 号主变压器带负荷运行后，各专业人员进行设备投产后的联合巡检，发现 110kV 组合电器 1 号主变压器 11－2 隔离开关气室存在异响，随后使用 PDS－T90 型普测设备开展特高频和超声波局放检测，发现 11－2 隔离开关气室局放信号呈现很强的悬浮电位放电特征，通过使用精确定位仪（PDS－G1500）对该信号进行精确定位，放电类型的诊断结果与普测一致，通过声电联合检测还发现振动信号，并确定振动信号和局放为同一信号源产生。结合设备内部结构，分析该信号源靠近该气室 C 相触头及其连接部分引起的概率最大，通过停电解体发现信号源位置实际为该 11－2 隔离开关 C 相连接拉杆有松动，和定位的位置基本吻合，充分体现了带电检测从普测到精确定位的重要性，为检修节约了大量时间。

### 2　检测分析

#### 2.1　判断放电大体位置

通过使用手持式普测设备（PDS－T90）的前置增益关、高通模式进行普测，发现在 110kV 组合电器 1 号主变压器 11－2 隔离开关气室存在特高频信号，如图 4－1、图 4－2 所示，现场检测位置图片如图 4－3 所示。

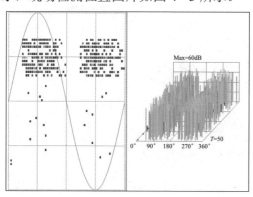

图 4－1　特高频 PRPD－PRPS 图谱

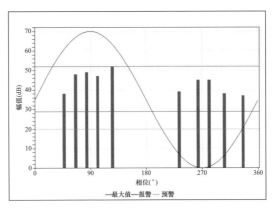

图 4-2 特高频周期图谱

图 4-3 特高频波检测位置

根据超声检测可知，PRPD/PRPS 工频周期内出现两簇明显的放电脉冲信号，正负半周波形对称，是典型的悬浮放电的特征。测试位置如图 4-4 所示，超声波幅值和波形图分别如图 4-5～图 4-6 所示。

图 4-4 超声波测试位置（幅值最大处）

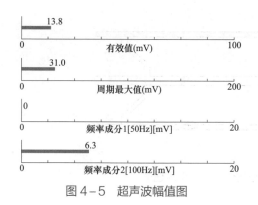

图 4-5 超声波幅值图

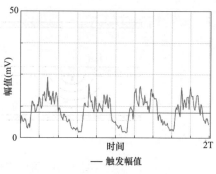

图 4-6 超声波波形图

从超声波信号可知，超声幅值最大为 31mV，100Hz 频率成分大于工频 50Hz 成分，信号工频相关性强，呈现悬浮放电或震动信号特征。在远离该间隔的其他气室用相同的模式测试暂未测到异常信号。因此从手持式设备普测测试结果分析可以初步判断局放信号来自 1 号主变压器 11-2 隔离开关气室的概率最大。

设备厂家用 AIA 型超声波测试仪进行复测验证，超声波幅值图和相位图分别如图 4-7、图 4-8 所示。

从超声波图形可知，超声信号有明显的 50Hz 和 100Hz 相关性，且 100Hz 相关性明显较大，超声幅值较大；从相位模式看一个周期内有两簇明显放电信号，可初步判断内部有部件松动或悬浮放电，或部件松动伴随悬浮放电。

在超声检测过程中还发现，超声信号在 110kV 组合电器 1 号主变压器 11-2 隔离开关气室检测区域较大，信号变化不明显，怀疑放电信号来自导体，判别原理示意如图 4-9 所示。

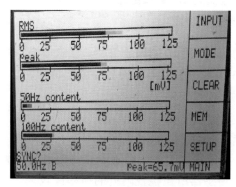

图 4-7 超声波幅值图

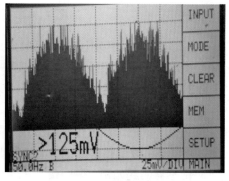

图 4-8 超声波相位图

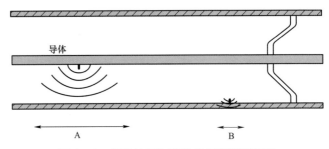

图4-9　导体信号与壳体信号判别原理图

## 2.2　局放类型再判断

将示波器传感器放在组合电器盆式绝缘子缝隙处，检测到的特高频局放波形，如图4-10所示。

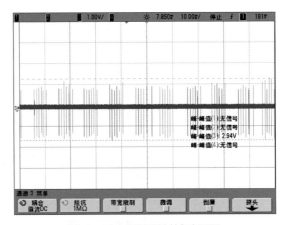

图4-10　示波器时域波形图

从示波器时域波形图可知，工频周期内有两簇明显的局放信号，且以每根脉冲之间距离均等的形式出现，具有工频相位相关性，呈现典型的悬浮放电特征。

## 2.3　局放信号定位分析

### 2.3.1　信号来源定位

将黄色、绿色、蓝色传感器分别放置在如图4-11所示黄圈、绿圈、蓝圈所在位置，通过不断改变传感器的位置，发现绿色传感器的波形起始沿始终超前其他颜色对应传感器的起始沿，说明信号来自绿色传感器所在位置附近的概率比较大。特高频传感器定位波形如图4-11所示。

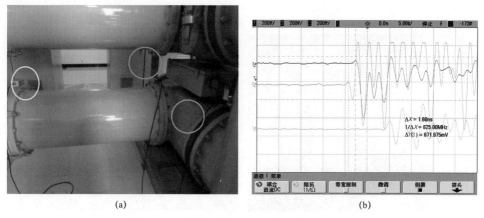

（a）　　　　　　　　　　　　（b）

图 4－11　特高频传感器位置图/定位波形图

（a）位置图；（b）定位波形图

### 2.3.2　特高频时差定位

将传感器按图 4－12 所示位置排列，通过示波器波形可以看出绿色部位传感器起始沿最超前，其中绿色部位传感器对应的波形比蓝色部位传感器波形超前时差约为 1.5ns，黄色部位传感器对应的波形和蓝色传感器波形起始沿基本一致。根据特高频信号在组合电器内部传播的速度，可以确定局放信号的位置为如图 4－12 所示红圈范围内的概率最大。

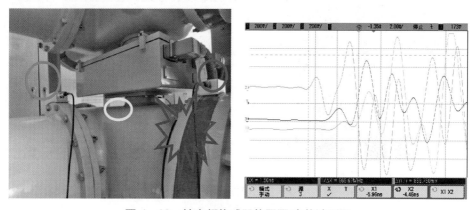

图 4－12　特高频传感器位置图/定位波形图

继续改变传感器的位置，将传感器放置在如图 4－13 所示的位置，最终得到如图 4－13（b）所示定位波形图，可知蓝色传感器波形起始沿超前绿色传感器波形起始沿约 1ns 的时差，现场测量盆式绝缘子的内径为 80cm，说明局放信号来自图 4－13 红线所示的平面范围。

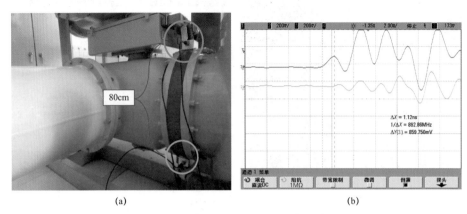

(a)　　　　　　　　　　　　(b)

图 4-13　特高频传感器位置图/定位波形图

(a) 位置图；(b) 定位波形图

### 2.3.3　声电联合定位

通过声电联合定位发现，传感器所测特高频信号、超声波信号呈现一一对应的关系，说明该局放信号来自同一信号源，从超声波形还可以看出，此信号除了有局放信号外，还存在震动信号。声电联合定位传感器位置及定位波形如图 4-14 所示。

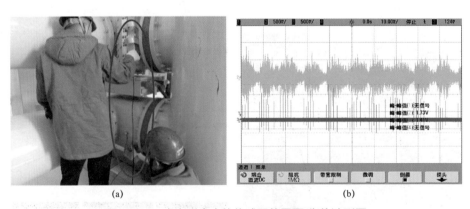

(a)　　　　　　　　　　　　(b)

图 4-14　声电联合定位传感器位置图/定位波形图

(a) 位置图；(b) 定位波形图

### 2.3.4　最终定位位置

该变电站 110kV 组合电器型号为 ZF12B-126kV，主接线为双母接线方式，总计 9 个间隔，厂家图纸如图 4-15 所示。

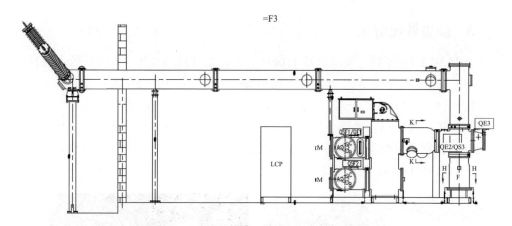

=F3

图 4-15　某站 1 号主变压器 11 间隔布置图

根据以上定位过程及分析厂家图纸，最终确定信号位于图 4-16 所示红圈位置概率最大，即该信号位于隔离开关动触头处的概率较大。局放源所在位置如图 4-17 所示。

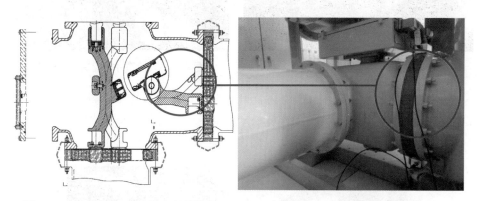

图 4-16　11-2 隔离开关内部结构图　　　图 4-17　局放源所在位置图

## 2.4　综合分析

通过手持式普测设备和示波器数据判断"110kV 组合电器 1 号主变压器 11-2 隔离开关气室"的确存在异常放电信号，类型为金属性悬浮放电，根据定位测试数据及设备测量尺寸判定放电源具体位置为"隔离开关动触头"；从定位过程分析，该信号位于隔离开关 C 相处的概率较大。2016 年 3 月 16 日 10:24 信号幅值 1.72V，2016 年 3 月 24 日 13:15 信号幅值 2.94V，缺陷在持续发展中。考虑到该隔离开关为空载运行，一旦带负荷运行会发生隔离开关附件脱落或振动产生粉尘黏附在盆式绝缘子上，后果将不堪设想。因此为了设备更加安全起见，立即处理该缺陷。

## 3　隐患处理情况

2016 年 3 月 25 日，该变电站 110kV 组合电器 Ⅱ 母线全停，电气试验人员首先进行 SF$_6$ 分解物测试，未发现异常。随后检修人员回收 F1～F5 间隔 Ⅱ 母线气室内部 SF$_6$ 气体至 −0.08MPa 压力，之后抽真空至 50Pa 真空度，达到开盖的气体压力要求。打开 110kV 组合电器 1 号主变压器 11−2 隔离开关端部大盖板，检修人员对问题部位特别是屏蔽罩、触头座、导体等部位的螺栓、压接面进行详细检查，未发现问题，如图 4−18、图 4−19 所示。

图 4−18　厂家人员打开端部盖板

图 4−19　检查 11−2 隔离开关气室

随后由厂家技术人员对 11−2 隔离开关气室内部进行详细检查，内表面未发现放电痕迹，但发现隔离开关传动连杆松动，用手摇动可听见咔咔声响。连杆松动部件如图 4−20 所示，隔离开关操动机构内部结构如图 4−21 所示。

图 4−20　隔离开关气室传动连杆松动部件（红圈部分为绝缘子）

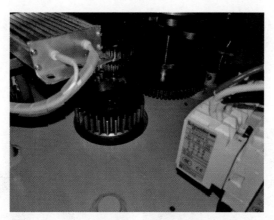

图 4-21　11-2 隔离开关操动机构内部结构

　　继续检查其他部件未发现问题。现场解体后发现，110kV 组合电器 1 号主变压器 11-2 隔离开关气室超声波和特高频存在异常，其原因为该间隔母线筒上隔离开关机构传动轴松动，造成小绝缘子间隙过大，通电后传动连杆和小绝缘子振动导致异响，振动过程中由于接触不良造成悬浮放电，符合现场带电检测信号特征。生产厂家整体更换隔离开关机构，送电后复测正常。

　　厂内解体情况：2016 年 4 月 28 日，制造厂相关人员在供电公司技术人员见证下，在厂内对故障隔离开关进行试验和解体分析。

　　对二工位隔离开关进行耐压、局放试验，试验过程中进行超声波探测，耐压、局放试验合格。耐压试验情况及结果见表 4-1、图 4-22。

表 4-1　　　　　　　　　　　二工位隔离开关耐压、局放试验结果

| 项目 | 230kV 耐压 | 局放（152kV） | 超声波探测 |
| --- | --- | --- | --- |
| 整体耐压 | 通过 1min 耐压 | 0.36pC | 无异常 |

 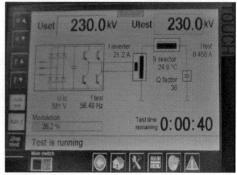

图 4-22　二工位隔离开关 230kV 耐压试验

将轴套与输出轴一并拆除,在小绝缘子与输出轴的配合方形槽内发现黑色粉末状物体,如图4-23所示。

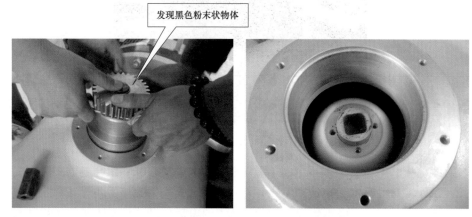

图4-23 拆除轴套及输出轴及方形槽黑色粉末

将小绝缘子从本体中移出查看,发现小绝缘子槽内存有黑色粉末状异物,且槽内壁存在两处整齐的黑色印记,如图4-24所示。

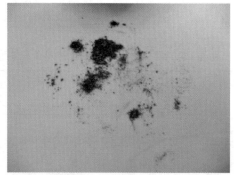

图4-24 小绝缘子槽内黑色粉末

检查主隔离开关上元器件,屏蔽、静触头、导体与绝缘子连接可靠,无松动,主隔离开关上无尖角毛刺,隔离静触头无松动,相间传动可靠接触,如图4-25所示。

对解体过程中的黑色粉末状异物进行成分分析,见表4-2。

图 4-25　部分拆解图

表 4-2　　　　　　　　　　黑色粉末状异物成分检测数据

| 物质 | 含量 |
| --- | --- |
| 氟（F） | 52.05% |
| 铝（Al） | 13.13% |
| 硫（S） | 1.19% |
| 锰（Mn） | 0.63% |
| 铁（Fe） | 33.00% |
| 总计 | 100% |

分析可知，黑色异物中氟、铝、铁成分较多，说明 $SF_6$ 气体被电弧分解产生氟物质，黑色异物存在于小绝缘子低电位侧，故未发生击穿故障，但感应电压足以使 $SF_6$ 气体分解。

对机构的输出轴、C 相传动绝缘子、轴套等零部件进行计量检查。发现 C 相传动小绝缘子两侧嵌件方孔超差。工艺图纸要求公差范围为 24.2～24.25mm，实际测量小绝缘子左端（靠近机构侧）尺寸为 24.95mm，另一端为 24.85mm。其余零部件尺寸在合格范围内，尺寸超差情况如图 4-26 所示。

从现场反馈和返厂解体检查结果表明，二工位隔离开关异响原因是由于 C 相传动小绝缘子两侧嵌件方孔超差，导致输出轴与小绝缘子之间的配合部位存在间隙，小绝缘子的活动空间增大。带负荷后，小绝缘子在电动力的作用下窜动，发出异响。在窜动的同时，小绝缘子嵌件在某一时刻处于悬浮状态，悬浮导致嵌件产生感应电压，对输出轴放电，并使 $SF_6$ 气体分解。在窜动摩擦和 $SF_6$ 分解共同的作用下产生黑色粉末状异物。

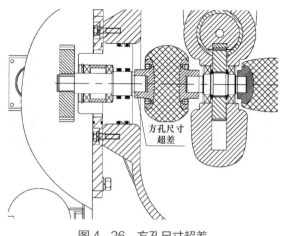

方孔尺寸
超差

图 4-26　方孔尺寸超差

## 4　经验体会

（1）该案例是在设备投运后首次巡检发现，说明按照规程要求开展新设备投运带电检测的重要性。该案例也是配置局放诊断定位仪器并开展技术培训以来发现的第二起设备局放故障，并成功进行定位，说明先进仪器及人员技术水平对准确判断设备缺陷的重要性。

（2）特高频和超声波局部放电检测可以有效检测出组合电器设备内部局部放电及振动信号，提前发现放电隐患。但常规巡检仪器对判断故障点存在局限，在进行组合电器气室内部放电点定位时，可以采用特高频局部放电检测和超声波局部放电声电联合定位的方法，可准确判断局部放电位置，初步判断故障的元器件，以便检修人员针对性地开展备品备件准备工作，缩短设备停电检修时间。

## 案例五　110kV 组合电器母线支柱绝缘子表面划痕局部放电检测

### 1　案例经过

某 220kV 变电站的 110kV 组合电器采用双母线布置方式,型号为 ZF10-126/T,2007 年 3 月出厂,12 月投运,投运以来运行状况良好。2016 年 5 月 10 日,对变电站 110kV 组合电器开展局放带电检测,发现靠近 110kV 组合电器 1 号主变压器间隔母线气室内有异常信号。试验班组人员缩短带电检测周期、增加检测频次,分别于 5 月 25 日和 6 月 8 日进行复测,均检测到该异常信号,且具有明显增长趋势,通过定位确定了内部放电点具体位置。2016 年 6 月 13 日会同电科院技术人员再次定位核实放电点具体位置,检测结果一致。随后制定紧急解体检修方案,于 6 月 14 日开始现场解体检修工作,解体后发现 A 相、B 相两处绝缘子表面存在熔浆状固体金属附着物,长度已覆盖绝缘子有效绝缘距离的三分之一。

### 2　现场检测

#### 2.1　特高频检测情况

(1)信号的发现和初步定位。

采用便携式特高频局放测试仪(型号 PDS-T90)对该 220kV 变电站 110kV 组合电器进行普测。当检测到芝门线 4 号母线时,发现三相盆式绝缘子有异常信号;将传感器移至组合电器 1 号主变间隔时,信号幅值变大;继续将传感器移至义明线间隔时,信号幅值又逐渐减小。检测 5 号母线对应盆式绝缘子未发现异常信号。初步判断该缺陷位于组合电器 1 号主变间隔 4 号母线气室附近。传感器布置位置如图 5-1 所示,特高频信号图谱分别如图 5-2 所示。

根据 PRPD 和 PRPS 图谱所呈现特征,正负半周期较为对称分布,信号幅值有一定分散性,具备绝缘内部缺陷的放电特征(由于沿面放电特征与绝缘缺陷类似,因此,也不排除沿面缺陷导致放电可能)。此外,便携式检测仪器只能根据幅值大小粗略判断缺陷位置,无法对放电源进行精确定位。

(2)放电源精确定位。

采用时差定位法对信号源进行精确定位。如图 5-3 所示,将两传感器分别放置于义明线-4 隔离开关 C 相盆式绝缘子(位置 1)和 1 号主变-4 隔离开关 A 相盆式绝缘子(位置 2),根据信号时延特征,判断该信号源位于 1 号主变间隔母线气室的右侧。

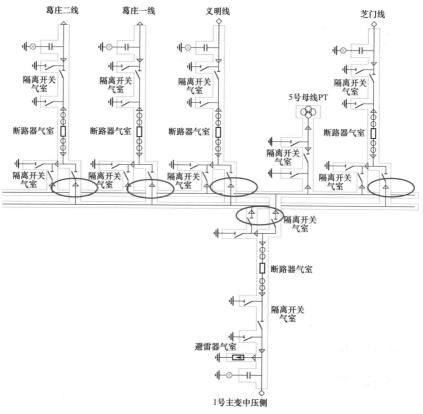

图 5-1 传感器放置位置

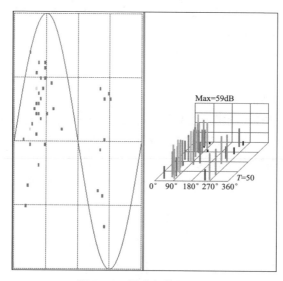

图 5-2 特高频信号图谱

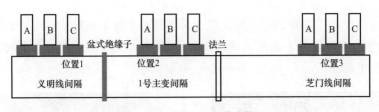

图 5-3 信号源初步判断

将两传感器分别放置于 1 号主变-4 隔离开关 A 相盆式绝缘子（位置 2）和芝门线-4 隔离开关 A 相盆式绝缘子（位置 3），时差检测示意图如图 5-4 所示。传感器信号时差图谱如图 5-5 所示。其中，紫色为位置 2 传感器，黄色为位置 3 传感器，位置 2 超前位置 3，$\Delta t$ 约 5ns。现场测量位置 2 与位置 3 距离 $L$ 为 4.5m，根据时差定位公式，计算得出放电源距离位置 2 约 1.5m。

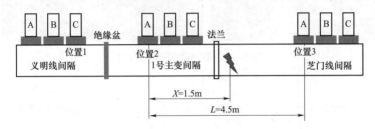

图 5-4 时差定位示意图

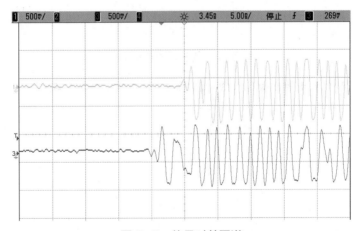

图 5-5 信号时差图谱

现场时差定位检测如图 5-6 所示。

为进一步确认放电源位置，更换传感器位置进行复测。将两传感器分别放置于 1 号主变-4 隔离开关 C 相盆式绝缘子（位置 4）和芝门线-4 隔离开关 C 相盆式绝缘子（位置 5），示意图如图 5-7 所示。传感器信号时差图谱如图 5-8 所示。其中，绿色为位置 4 传感器，黄色为位置 5 传感器，位置 4 超前位置 5，$\Delta t$ 约 10.7ns。现场测量位置 4 与位置 5 距离 $L$ 为 4.5m，根据时差定位公式，计算得出放电源距离位置 4 约 0.65m。

图 5-6 现场时差定位检测

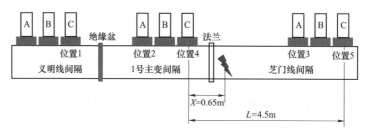

图 5-7 传感器布置示意图

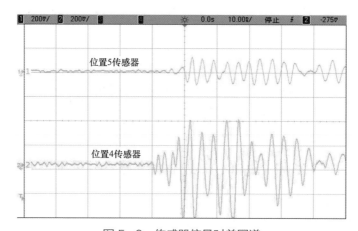

图 5-8 传感器信号时差图谱

## 2.2 超声波检测情况

采用超声波局放测试仪对疑似放电部位进行超声检测，如图 5-9 所示。沿母线气室径向和圆周方向移动传感器，寻找超声信号幅值最大位置。在 4 号母线气室内侧（靠近 5 号母线侧）发现超声信号最大，幅值约 5.5mV，50Hz 相关性大于 100Hz，如图 5-10 所示。与特高频定位放电源位置基本一致。

图 5-9　超声波现场检测

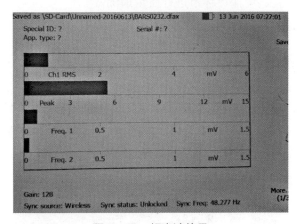

图 5-10　超声波信号

## 2.3 初步判断

根据特高频时差定位结果，可确认该放电源位于 110kV 组合电器 4 号母线气室内，距离 1 号主变 C 相直线距离约 0.7m 附近区域。根据超声波定位结果，发现在 4 号母线内侧，靠近 5 号母线侧处信号幅值最大，与特高频定位结果基本一致。咨询现场厂家人员，该位置为母线内部三相支柱绝缘子，从 1 号主变向芝门线依次为 A、B、C 排列。因此，可初步判断 4 号母线 A 或 B 相支柱绝缘子可能存在内部或表面缺陷，导致局放信号异常。

### 2.4 原因分析

该站 110kV 组合电器设备局放异常是由芝门线与 1 号主变间隔之间的 4 号母线气室内 A、B 两相母线支柱绝缘子缺陷引起。根据现场解体检查情况，B 相支柱绝缘子已处于非常危急状态，放电痕迹长度已占整只绝缘子长度约 1/3。若未及时发现该缺陷，极易造成支柱绝缘子沿面闪络，引发突发性故障跳闸。

支柱绝缘子内部裂纹或气隙缺陷一般由浇注或固化过程中内部受热不均或真空度不够造成，该类缺陷在运行过程中会产生局部放电，长期运行下会加速绝缘件内部老化，最终形成贯穿性放电通道，发生击穿。该段母线属于厂内组装后直接运至现场进行对接，排除现场施工环节对绝缘子造成的损伤，属于厂内产品初始质量问题。

后续将解体的 9 只绝缘子返厂做工频耐压、局放、X 光探伤、机械特性等相关试验，检查绝缘子内部是否存在固有性裂纹等缺陷。此外，试验完成后，对表面放电金属痕迹做相关化学分析，检测金属成分，以便于对缺陷原因做定性分析。

因此，相关标准及反措要求，组合电器、$SF_6$ 断路器设备内部的绝缘操作杆、盆式绝缘子、支柱绝缘子等部件必须经过局部放电试验方可装配，要求在试验电压下单个绝缘件的局部放电量不大于 3pC。解体发现本批次绝缘子缺少出厂编号，无法对产品生产、试验、运输等环节进行质量追溯。

## 3 隐患处理情况

### 3.1 现场检查情况

由于该信号很大，且沿面缺陷在捕捉到较强异常信号时已有随时击穿的可能，为此，变电检修人员持事故应急抢修单会同厂家一同对 110kV 4 号母线组合电器进行解体检修，4 号母线气室解体如图 5-11 所示。解体发现 A、B 两相支柱绝

图 5-11 4 号母线气室解体

缘子表面有划痕。其中，A 相表面直径约 1cm 圆形划痕，B 相表面长约 3cm 划痕，且划痕表面均有类似金属熔液物紧密附着在绝缘子表面，并且伴有爬电痕迹，如图 5-12、图 5-13 所示。母线导体及壳体内表面未发现有异常。

图 5-12　A 相支柱绝缘子　　　　　图 5-13　B 相支柱绝缘子

### 3.2　现场恢复情况

2016 年 6 月 18 日，更换 110kV 组合电器 4 号母线气室内 9 只支柱绝缘子，恢复设备组装，进行交流耐压试验，试验电压为出厂值的 80%，并进行特高频和超声波局放检测，未发现异常。6 月 19 日，4 号母线恢复送电。

## 4　经验体会

（1）特高频和超声波局放检测技术是预先发现组合电器内部各类放电缺陷的有效手段，该技术已成熟并普遍推广应用，可为提高组合电器运行可靠性提供有力的技术支持。

（2）支柱绝缘子是组合电器重要绝缘部件，制造阶段应逐支进行工频耐压、局部放电、X 光探伤等试验，局放值应不大于 3pC。试验中应尽可能保证支柱绝缘子的电场分布与实际应用等效，确保支柱绝缘子无裂缝、气孔、夹杂等缺陷。

（3）组合电器运输过程中，应有加强加速度监测及对产品保护的措施，避免绝缘件因受异常振动和冲撞而损伤。

（4）严格组合电器带电检测的质量管控，应有专业技术人员负责。对外委检测队伍应安排专人监督管理，合理确定现场检测项目和工作要求，确保检测工作标准执行到位、过程管控到位、隐患处置到位。

（5）对于经确认存在异常的组合电器设备，应尽快安排检查处理。

案例六 220kV 组合电器母线分段隔离开关<br>气室存有粉尘检测分析

## 1 案例经过

某 500kV 变电站 220kV 组合电器母线分段Ⅱ间隔 22F－B 隔离开关型号为 ZF6A－252－DS，生产日期 2008 年 6 月，2009 年 11 月投运。2016 年 6 月 4 日，试验人员进行组合电器专项带电检测工作，通过超声波和特高频局放检测，发现 220kV 组合电器母线分段Ⅱ间隔 22F－B 隔离开关气室的局放数值超标，疑似放电位置如图 6－1 所示。

图 6－1　22F－B 隔离开关疑似放电位置

## 2 检测分析

（1）超声波局放检测情况。

超声波法具有灵敏度高，抗电磁能力强，可以直接定位的优点。组合电器组合电器内部发生局放时，分子间剧烈碰撞，并在瞬间形成一种压力，产生超声波脉冲。声波在组合电器中的传播速度慢、衰减快。由于衰减，超声波可检测到的距离很短，可以直接对局放源进行定位（小于 10cm），且不容易受组合电器外部噪声源的影响。超声波法局部放电检测仪一般检测频率在 20～100kHz 之间。用超声波局放仪（型号分别为 AIA－1、AIA－2、PD208）对 220kV 母线分段Ⅱ间隔 22F－B 隔离开关气室进行局放测试，检测到的信号如图 6－2～图 6－4 所示。

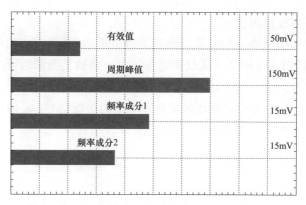

图6-2　超声波连续模式下检测信号

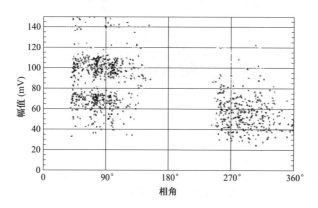

图6-3　超声波 PRPD 模式下检测信号

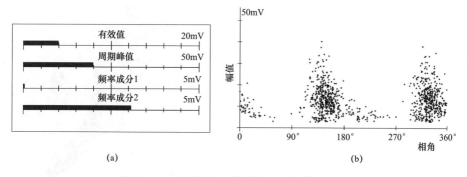

图6-4　悬浮放电连续模式和相位模式图谱

（a）连续模式图谱；（b）相位模式图谱

　　测得的超声波信号具有明显的工频相关性，脉冲个数少，信号幅值大，与悬浮放电特征相似。

（2）特高频局放检测情况。

为进一步验证由超声波局放仪检测到的放电信号，采用特高频局放仪对 220kV 母线分段Ⅱ间隔 22F－B 隔离开关气室进行了进一步的检测和验证。特高频局部放电检测适用于非金属法兰盆式绝缘子，带有金属屏蔽的盆式绝缘子可利用浇注开口进行检测，在特高频局放检测前要尽量排除环境的干扰信号。采用特高频局放仪检测到的悬浮放电的图谱，如图 6－5 所示。

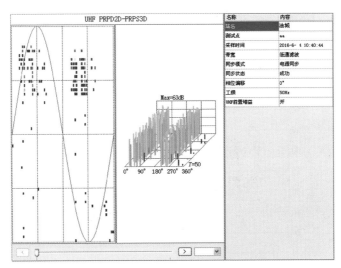

图 6－5　特高频局放检测悬浮放电信号图

## 3　处理过程

检修人员对 220kV 母线分段Ⅱ间隔 22F－B 隔离开关气室进行了解体检查，检查内容包括组合电器气室内有无粉尘、异物、放电痕迹及螺栓有无松动等现象。检查发现该气室内存有粉尘，如图 6－6 所示。

检修人员对 220kV 母线分段Ⅱ间隔 22F－B 隔离开关气室腔体内部及导体部分进行了清扫、清洁处理，然后进行 220kV 母线分段Ⅱ间隔 22F－B 隔离开关气室的复装工作。送电后，对清洁后复装的气室进行局放测量，原放电信号消失。

图 6－6　22F－B 隔离开关气室内部

## 4 经验体会

（1）特高频、超声波组合电器局放带电检测仪可以有效检测到设备内部的各类放电现象，需要检测人员有足够的经验和耐心。

（2）局放检测时多种手段综合分析能够更加有效确定信号源位置及特征。如紫外成像放电检测法可以作为辅助手段检测并定位，判别周围是否存在的外部电晕干扰。

## 案例七 110kV 组合电器线路电流互感器均压环损伤局部放电检测分析

### 1 案例经过

某 220kV 变电站 110kV 组合电器型号 ZF12－126, 2011 年 1 月 1 日出厂, 2012 年 1 月 10 日投运。2015 年 11 月 6 日, 电气试验人员按照计划, 对 220kV 变电站开展局部放电带电检测时, 发现 110kV 组合电器刘江 II 线间隔线路电流互感器（TA）气室存在异常放电现象, 其他间隔正常。使用型号为 AIAcompact 的局放测试仪进行超声波检测和特高频检测, 均能检测到放电信号, 并且在现场能听到明显的放电声音。2015 年 11 月 18 日, 电气试验人员对刘江 II 线进行跟踪复测, 特高频和超声波均检测到异常信号, 该放电信号间歇性大, 伴随放电能听到"噼里啪啦"的声音, 随后使用特高频时差法对放电源进行了定位。判断该气室内部存在局部放电, 根据现有经验, 放电有可能是因为 TA 均压环接触不良造成。随后进行跟踪测试, 信号有增强趋势, 决定停电解体检查并处理。

2016 年 5 月 22 日 10 时 00 分, 检修试验工区变电检修一班工作人员到达 220kV 变电站现场。持第一种工作票, 工作任务为"110kV 刘江 II 线线路侧电流互感器检修、消缺"。经现场对设备解体观察, 发现刘江 II 线线路侧电流互感器左侧盆式绝缘子（TA 均压环 A、C 相）有明显放电痕迹, 下部存在大量放电粉末, 究其原因主要是 A、C 相 TA 均压环因装配工艺不佳, 造成均压环损伤、振动, 致使金属间相互摩擦并引起放电。需要立即对 TA 均压环进行处理并更换相关部件。

5 月 23 日 14 点 40 分, 完成 110kV 刘江 II 线线路侧电流互感器检修、消缺工作, 线路恢复送电, 设备投运后运行正常。6 月 17 日, 试验人员持第二种工作票进行放电缺陷处理后的局放复测, 数据正常, 无放电特征, 设备运行正常。

### 2 缺陷位置说明

本缺陷所在间隔为 110kV 刘江 II 线间隔, 具体位置如图 7－1 所示。

### 3 检测分析

#### 3.1 巡检情况

2015 年 11 月 6 日电气试验人员在对 220kV 变电站进行超声波局部放电检测, 使用型号为 AIAcompact 的局放测试仪。在 110kV 组合电器刘江 II 线 114 间隔线路侧 TA 处发现异常信号, 现场可听到明显的放电声响。试验人员多次改变测量位置,超声信号均满量程，无法通过幅值大小进行定位，现场超声波检测如图7-2所示，检测图谱见图7-3。

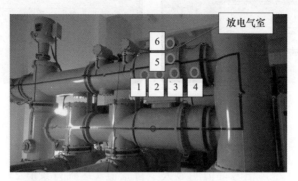

图7-1　110kV 2号刘江线间隔及超声测量点

图7-2　超声波检测

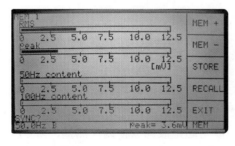 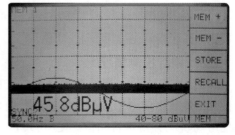

(a)

图7-3　超声波检测图谱（一）

（a）背景图谱

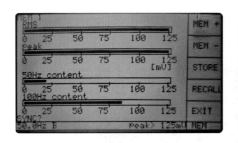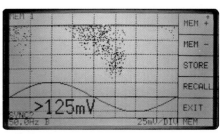

(b)

图 7-3 超声波检测图谱（二）

（b）测试图谱

由图谱可见，超声信号幅值明显大于背景值（达到背景值 25 倍），100Hz 相关性大，相位模式下较均匀的聚集为两簇，具有明显的悬浮放电特征。

随后采用特高频传感器进行特高频信号检测，TA 两侧盆式绝缘子检测图谱见图 7-4。该放电信号在正负半波均出现，具有一定的对称性，放电幅值较大，放电次数少，形似悬浮放电的典型图谱。将传感器放置到空气中，信号消失。进一步判断 TA 内部存在悬浮放电。

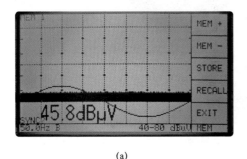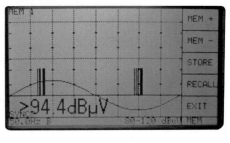

(a)                                    (b)

图 7-4 特高频检测图谱

（a）背景图谱；（b）测试图谱

## 3.2 跟踪检测情况

（1）11 月 18 日，电气试验班人员进行跟踪检测，110kV 刘江Ⅱ线 114 间隔线路侧 TA 处放电信号依然存在，且具有明显的间歇性，现场能听到明显声音，且检测信号与现场异常声音同步。使用 DST-860 型超声波局放检测仪测量，信号幅值很大，100Hz 相关性大于 50Hz 相关性，超声信号充满量程，无法利用幅值法对放电源定位。超声波检测图谱见图 7-5。

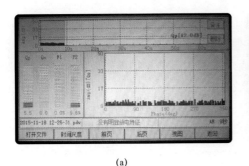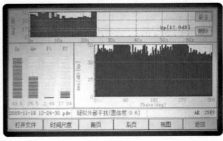

(a)　　　　　　　　　　　　　　　　(b)

图 7-5　超声波检测图谱
（a）背景图谱；（b）测试图谱

（2）自发现该缺陷至处理前，工作人员多次跟踪测试中采用 PDExpert 多功能局部放电定位系统，利用特高频信号之间的时差对放电源进行精确定位。现场检测接线如图 7-6 所示。

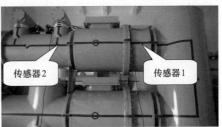

图 7-6　现场检测接线图

分别将特高频传感器 1、传感器 2 放置于 TA 左右两侧非屏蔽盆式绝缘子上，两传感器距离约为 1.2m，测量得到放电波形见图 7-7。

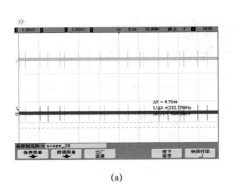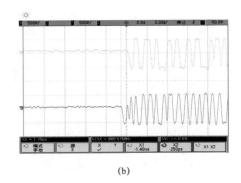

(a)　　　　　　　　　　　　　　　　(b)

图 7-7　PDExpert 检测局放波形
（a）时基 10ms 波形；（b）时基 5ns 波形

由示波器检测波形可见，在 10ms 时基下放电波形幅值稳定，在每个半波周期内均有放电信号，放电次数较少，符合悬浮放电特征。在 5ns 时基下放电波形特征相似，为同一信号源。传感器 2 信号领先传感器 1 信号约 1.15ns，根据电磁波传播速度，计算得到放电源位于两传感器之间，且与传感器 2 的距离为 $d=(1.2-1.15×0.3)/2≈0.43m$。

### 3.3 综合分析

110kV 刘江 II 线间隔线路 TA 存在局部放电现象。由超声和特高频检测图谱综合分析，该放电具有悬浮放电特征；通过特高频时差法定位，放电源大体位于 TA 左侧盆式绝缘子 0.43m 位置处。悬浮放电的放电能量较大，会逐渐烧蚀设备、产生粉尘，危害设备安全。根据经验，此类放电一般发生在 TA 均压环位置。

### 3.4 停电后现场检查

提前编制《220kV 变电站 110kV 刘江 II 线线路侧电流互感器检修方案》，于 2016 年 5 月 22 日至 23 日进行停电处理，设备解体后，工作人员对刘江 II 线线路侧电流互感器气室内部器件及连接情况进行详细检查。图 7-8 为现场设备解体检查，可以看出在距离 TA 左侧盆式绝缘子处（TA 均压环位置）处发现有白色粉末。打开均压环发现由于均压环装配工艺不佳，造成均压环损伤、振动，致使金属间相互摩擦并引起放电。

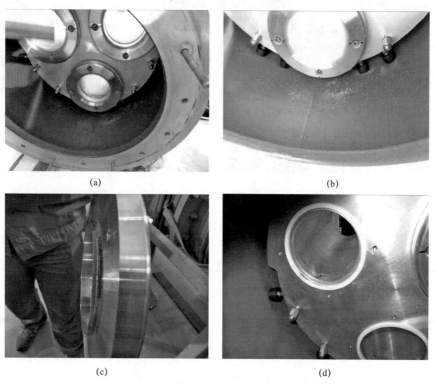

(a)

(b)

(c)

(d)

图 7-8　现场设备解体检查照片

## 4　隐患处理情况

现场更换 A、C 两相均压环，并对 TA 内部进行清理，恢复设备送电，更换处理图片如图 7-9 所示。6 月 17 日，电气试验人员持第二种工作票进行放电缺陷处理后局放复测，设备运行正常，无放电特征，检测数据正常。

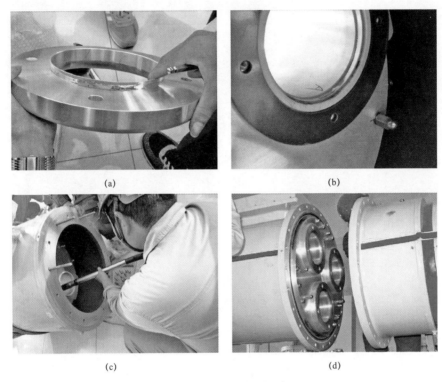

图 7-9　隐患处理照片

## 5　经验体会

（1）该变电站位于县城西南部，有 9 条 110kV 出线，负责县城西南及周边地区企业及居民供电。若发生故障跳闸，将会造成严重的社会影响。

（2）本次发现缺陷后，加强了跟踪测试，并根据测试结果积极制定检修策略，及时对缺陷处理，避免了缺陷的继续发展。

（3）超声波、特高频以及声电联合检测技术对组合电器的局放检测有较好的效果，能够有效地发现在组合电器安装、运行过程中隐藏的缺陷。相比过去通过人耳听声音靠经验来判断放电，这无疑是很大的技术进步。

（4）组合电器局部放电检测方法对测试人员的技术要求高，需要加强员工组合电器局部放电检测方法的培训，培养更多经验丰富的测试人员，为电网安全稳定运行提供强大的技术支持。

（5）悬浮放电的放电能量较大，会逐渐烧蚀设备，形成粉尘，危害设备安全。

## 案例八　110kV 组合电器断路器气室脏污局部放电超声波检测

### 1　案例经过

某变电站 110kV 组合电器母联 100 断路器间隔型号为 ZF23－126（L），出厂日期 2014 年 3 月，投运日期 2014 年 10 月。2015 年 6 月 11 日，试验人员在对该变电站 110kV 组合电器进行超声波局部放电检测，发现母联 100 间隔存在疑似局部放电信号，结合超高频检测，判定该间隔 100 断路器气室内部存在自由颗粒或异物造成超声波局放检测异常。随后对 110kV 组合电器进行了停电处理，打开母联 100 断路器气室，发现气室内部存在脏污，清扫擦拭、设备复装，送电复测设备恢复正常。

### 2　检测分析

#### 2.1　确定疑似放电位置

使用超声波局放测试仪进行初步检测，发现 110kV 组合电器母联 100 间隔存在疑似局部放电信号，且信号幅值由母联 100 断路器气室向邻近两侧母联 100－D2 接地开关气室、母联 100－D1 接地开关气室逐渐减小，因此判断组合电器内部疑似放电点位于 110kV 组合电器母联 100 断路器气室。

#### 2.2　确定放电类型

使用型号为 PD208 超声波局部放电检测仪对 110kV 组合电器母联 100 断路器气室进行超声波局放检测，检测报告及图谱见图 8－1。

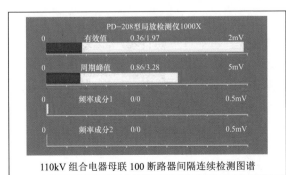

图 8－1　超声波局部放电检测报告（一）

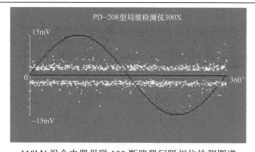

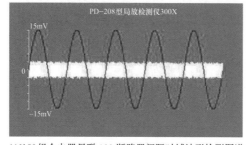

图 8-1  超声波局部放电检测报告（二）

分析可知，在连续检测图谱中，有效值及周期峰值较背景值偏大，频率成分 1、频率成分 2 特征不明显；相位检测图谱中无明显相位聚集效应，但脉冲幅值较大；时域波形检测图谱中有脉冲信号，但脉冲信号与工频电压的关联性小，有一定随机性，三种图谱特征均符合自由颗粒放电特征，结合超高频检测未发现异常放电信号，判定断路器内部存在非金属异物造成超声波局放检测异常。

## 3  隐患处理情况

2015 年 10 月 14 日至 16 日，变电检修人员开展隐患消除工作。首先，对母联 100 断路器气室 SF$_6$ 气体进行回收，并将邻近母联 100-D2 接地开关气室、母联 100-D1 接地开关气室间隔 SF$_6$ 压力降至 0.30MP 左右。打开断路器气室，检查发现气室内部并无放电痕迹，内部结构如图 8-2 所示。但对内壁擦拭时，发现断路器气室内部有少许脏污，如图 8-3 所示，确认超声波检测信号异常因断路器内部存在自由颗粒所致。

断路器气室密封处涂抹硅脂，更换内部吸附剂，密封断路器气室，将断路器及邻近两个隔离开关气室 SF$_6$ 压力恢复至额定值，恢复设备送电。

2015 年 10 月 26 日对 110kV 组合电器 100 母联断路器气室重新进行超声波检测，检测图谱如图 8-4、图 8-5 所示。

图 8-2 断路器气室内部结构情况图

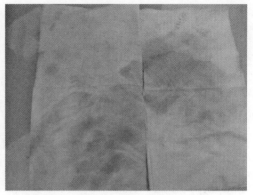

图 8-3 断路器气室内擦拭出的脏污

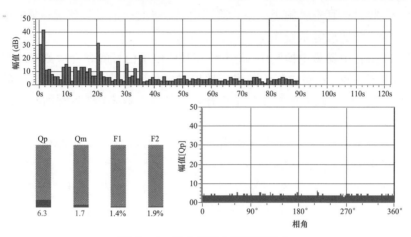

图 8-4 送电后超声检测图谱 1

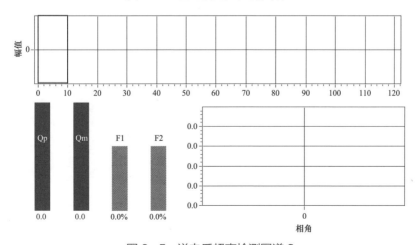

图 8-5 送电后超声检测图谱 2

由图谱可看出 110kV 100 母联断路器气室已无明显放电信号，设备恢复正常。

# 4　经验体会

（1）超声波局部放电检测对发现组合电器设备内部自由颗粒缺陷具有较高灵敏度，对预防绝缘事故的发生，维护设备安全运行有着十分重要的意义。建议在做交流耐压试验时和新设备投运后对组合电器设备进行超声波局部放电检测。

（2）该案例中的超声波信号异常是由于气室内部脏污导致。在设备基建施工阶段，施工单位应加强施工环节管控，严格施工工艺管理。罐式断路器安装时，应采取搭建作业帐篷、地面铺工程塑料布等防尘措施，抽真空前必须将罐体内部彻底清理干净，特别是缝隙、角落的灰尘。

（3）验收时认真查验施工记录、监理记录，安装时的天气状况、装配顺序、安装工艺、气室的清理等是否满足要求。

（4）在组合电器带电检测中，超声波和其他电量信号的联合检测方法将成为带电检测的主要手段。在对电气设备进行巡检时，可首先利用超高频或甚高频等电量信号检测手段，快速确认被侧设备是否存在局部放电缺陷，然后利用超声波检测确定组合电器设备的缺陷类型及部位。

（5）多种带电检测方法的联合使用，能取长补短，为确认被测信号来源、消除误判提供了保障。

**案例九** 220kV 组合电器线路避雷器接地端与在线监测仪接触不良检测分析

## 1 案例经过

某变电站 220kV 组合电器银夏线避雷器型号为 Y10WF1－200/520，2004 年 5 月 1 日出厂，2004 年 8 月 30 日投运。2015 年 7 月 14 日，电气试验人员按照计划对变电站开展设备带电检测，发现 220kV 银夏线避雷器地端与避雷器在线监测仪连接处有异常。超声波检测和超高频检测均能检测出放电信息，初步判断为避雷器地端与避雷器在线监测仪之间的连接导体接触不良导致局部放电，现场对连接导体进行了处理，放电声音消失。

## 2 缺陷位置说明

缺陷所在间隔为 220kV 组合电器银夏线 213 间隔，具体位置图如图 9－1 所示，避雷器在线监测仪接地端连接如图 9－2 所示。

图 9－1 银夏线 A 相避雷器　　　　图 9－2 避雷器计数器在线监测仪

## 3 检测分析

### 3.1 超声波检测

电气试验和变电检修工作人员一同对 220kV 银夏线避雷器进行了超声波检测，如图 9－3 所示。

图 9-3  超声波检测

工作人员对避雷器进行了超声波检测，检测图谱见图 9-4。

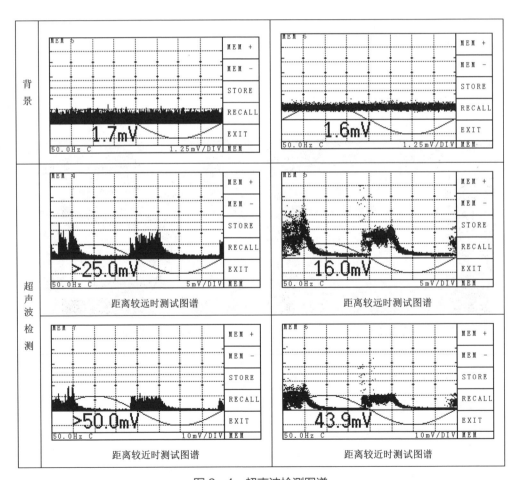

图 9-4  超声波检测图谱

检测结果分析：超声检测自相邻 220kV 武银线间隔开始，背景 1.7mV 左右，当检测至 220kV 银夏线线路套管时，发现超声背景变大，图谱幅值变大且与相位有关联性。

### 3.2　超高频检测

电气试验和变电检修人员对 220kV 银夏线进行了超高频检测，如图 9-5 所示。

图9-5　超高频检测

工作人员在距离较近时和较远时分别对 220kV 银夏线进行了超高频检测，检测结果见图 9-6。

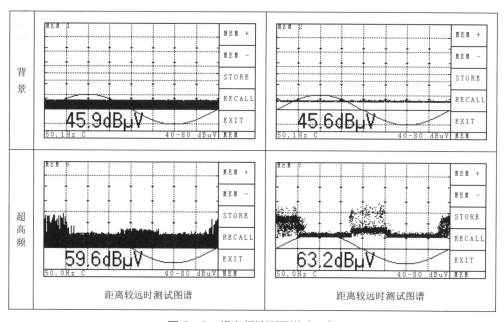

图9-6　超高频检测图谱（一）

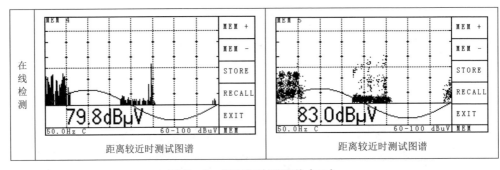

图 9-6　超高频检测图谱（二）

结果表明：用超高频检测时背景同样出现异常，并且幅值随传感器移动发生变化。

## 4　隐患处理情况

变电检修人员办理第二种工作票对 220kV 银夏线 A 相避雷器与在线监测仪连接处进行了检查，发现连接螺丝压接不实是造成本次异常的直接原因。打磨接触面后，更换新的螺丝并紧固，然后用仪器测试后结果正常，隐患已消除。

2015 年 7 月 15 日用型号为 AIA100 超声波局放检测仪对 220kV 银夏线间隔进行复测，如图 9-7 所示，均无异常信号，其有效值、峰值、50Hz 相关性、100Hz 相关性分别为 0.03、1.1、0、0.01mV，设备运行状况良好。

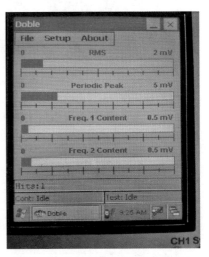

图 9-7　超声波局放检测数据信息

## 5　经验体会

（1）超声波、超高频检测等带电检测是即时发现设备局放缺陷的有效手段，分析超声波、超高频图谱，有助于判断设备局部放电的性质、强度，有助于检修人员制定针对性检修方案。

（2）回路连接部位在振动、应力等因素影响下，随着运行时间增长，容易发生接触不良现象，应对导体回路连接部位加强带电检测，合理制定带电检测周期，以便发现缺陷并及时处理。

## 案例十　110kV 组合电器母线支柱绝缘子局部放电异常检测分析

### 1　案例经过

某 110kV 变电站 110kV 组合电器型号为 ZF10－126（L），2004 年 11 月投入运行。2016 年 2 月 19 日，电气试验工作人员在开展带电测试过程中，发现 110kV 仿马Ⅱ线 112 间隔组合电器盆式绝缘子浇注口处存在特高频局放信号。随后采用特高频局放分析定位仪进行了复测，同样检测到明显局部放电信号，信号幅值较高，放电次数少，周期重复性低，放电幅值也较分散，但放电相位较稳定，无明显极性效应，具有典型空穴放电特征。

采用时间领先法对该信号进行定位，确定该信号来自 110kV 仿马Ⅱ线 112 间隔与母线分段 100 间隔之间母线伸缩节东邻附近。进一步采用时差定位法对信号源位置进行计算，确定信号源位于 112 间隔与 100 间隔之间母线气室中间部位偏 112 间隔 30cm 处。随后分别使用超声波局放测试仪、$SF_6$ 气体微水仪、$SF_6$ 气体分解物检测仪对设备进行综合诊断分析，均未见异常，初步判断母线气室内部存在绝缘材料缺陷。

2016 年 3 月 1 日至 4 日，检修人员对停电后的组合电器进行了开罐检查，找出了疑似缺陷的支柱绝缘子并进行更换。恢复安装后，进行耐压试验和局放测试，试验合格，无明显放电信号存在。同时，三相疑似缺陷绝缘子进行了探伤检测和局放测定，C 相局放量为 10.29pC，明显超出标准要求，证实了绝缘子内部缺陷的存在。

试验人员通过精心地带电检测，及时发现 110kV 组合电器母线潜在的安全隐患并及时消除，有效避免了母线故障导致电网跳闸事故的发生。

### 2　检测分析

2016 年 2 月 19 日，电气试验人员在开展变电站 110kV 组合电器带电测试过程中，发现 110kV 仿马Ⅱ线 112 间隔母线侧组合电器盆式绝缘子浇注口处存在明显特高频局放信号。

#### 2.1　特高频局放测试分析

电气试验班人员采用型号为 PD209 特高频局放分析定位仪进行了复测，同样检测到明显局部放电信号，信号幅值较高，放电次数少，周期重复性低，放电幅值也较分散，但放电相位较稳定，无明显极性效应，一个周期内正负半波均有信号，具有典型空穴放电特征。在周围环境中进行了干扰信号检测，包括运行主变方向及架空线路杆塔方向，均未发现明显放电信号，特高频局放定位仪检测到的局部放电异常信号如图 10-1 所示。

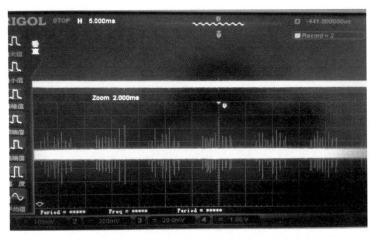

图 10-1　PD209 特高频局放分析定位仪检测到异常信号

在对仿马Ⅱ线 112 间隔其他盆式绝缘子以及邻近间隔其他绝缘子进行检测时，也可测到特征相同的信号，且通过对比，发现仿马Ⅱ线 112 间隔母线侧 A 相盆式绝缘子附近信号最大，检测过程如图 10-2 所示，不同部位的特高频信号特征对比如图 10-3 所示。图 10-3 中红色波形为 A 相盆式绝缘子处信号，黄色为其他位置对比信号，下同。

图 10-2　仿马Ⅱ线 112 间隔母线绝缘盆为信号最大处

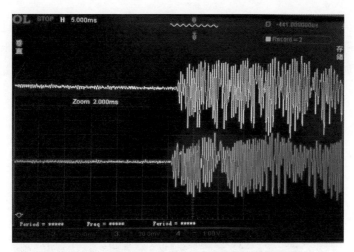

图 10-3　不同部位检测到的特高频信号特征对比

　　为了准确定位放电源，检测人员使用多功能局部放电定位仪对该信号进行定位。首先使用时间领先法比较仿马Ⅱ线母线侧 A 相盆式绝缘子处信号及环境中信号，确定其来自组合电器设备内部；随后再使用时间领先法比较仿马Ⅱ线母线侧 A 相盆式绝缘子处信号及邻近盆式绝缘子信号，确定信号源距离该盆式绝缘子最近，对比信号时差确定信号来自 112 间隔与 100 间隔之间母线气室部分，特高频信号特征对比如图 10-4 所示。疑似局放源位置如图 10-5 所示。

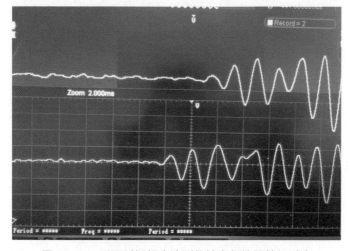

图 10-4　采用时间领先法测得特高频信号特征对比

　　进一步采用时差定位法对信号源位置进行计算，选取仿马Ⅱ线母线侧 A 相盆式绝缘子与母线分段 100 间隔 C 相盆式绝缘子两个测试基点，经测试时差约为2ns，并最终确定信号源位于112间隔与100间隔之间母线气室中间部位偏112间隔30cm处，即Ⅱ段母线伸缩节位置东邻附近，疑似局放源位置如图10-6所示，特高频信号特征对比如图10-5所示。

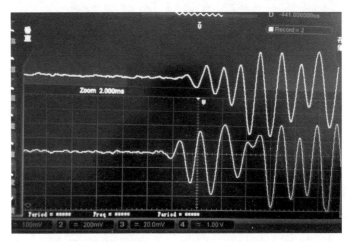

图10-5 采用时差定位法测得特高频信号特征对比

图10-6 疑似局放源位置

## 2.2 其他辅助方法测试情况

用AIA-100型超声波局部放电检测仪对110kV仿马Ⅱ线112间隔、100间隔以及母线进行检测，超声波局放信号与背景信号无明显差异，未发现异常现象。局放检测信号与背景信号比较如图10-7所示，超声波局放测试现场如图10-8所示。

同时，对组合电器母线气室及仿马Ⅱ线气室进行了$SF_6$气体微水测试及成分分析，试验结果合格，见表10-1。

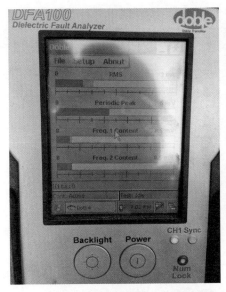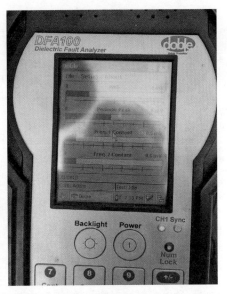

图 10-7　超声波局放检测信号与背景信号比较

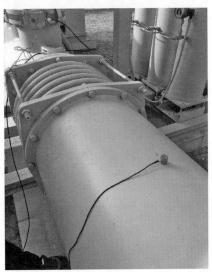

图 10-8　超声波局放测试现场

表 10-1　　　　　　　　　　　　SF$_6$ 气体微水及成分测试表

| 间隔名称 | 检测气室 | SO$_2$（μl/L） | H$_2$S（μl/L） | CO（μl/L） | H$_2$O（μl/L） |
|---|---|---|---|---|---|
| 母线间隔 | Ⅱ 母线气室 | 0 | 0 | 59 | 122 |
| | 100-2 隔离开关气室 | 0 | 0 | 54 | 85 |
| | 100 断路器气室 | 0 | 0 | 82 | 105 |

| 间隔名称 | 检测气室 | $SO_2$（μl/L） | $H_2S$（μl/L） | CO（μl/L） | $H_2O$（μl/L） |
|---|---|---|---|---|---|
| 仿马Ⅱ线<br>112间隔 | TA气室 | 0 | 0 | 127 | 90 |
| | 112-3隔离开关气室 | 0 | 0 | 31 | 141 |
| | 出线套管气室 | 0 | 0 | 74 | 94 |
| | TV气室 | 0 | 0 | 28 | 104 |
| | BL气室 | 0 | 0 | 39 | 99 |
| | P12隔离开关气室 | 0 | 0 | 32 | 130 |

为进一步确认放电信号的存在，2月23日，邀请省电科院专家赶赴现场协助测试分析，试验诊断结论相同，即测得特高频局放信号符合空穴放电特征，而超声波局放无明显信号。

通过以上综合分析并进行放电源定位，初步判断110kV仿马Ⅱ线112间隔与母线分段100间隔之间的母线气室内存在放电现象；从放电信号特征进一步推断该母线气室内部支柱绝缘子存在空穴或裂痕缺陷，导致局部放电的产生。虽然超声波局放信号不明显，但其在绝缘材料内衰减较大而对外表现较弱，故超声波局放信号及$SF_6$气体成分检测虽无异常，但不能排除绝缘材料内部存在空穴放电的可能性。

## 3　隐患处理情况

2016年3月1日，该变电站110kV组合电器Ⅱ段母线由运行转检修状态。检修人员对组合电器开罐检查，找出了组合电器母线伸缩节附近的3只疑似缺陷支柱绝缘子并进行了更换。绝缘子外观无明显裂痕和放电痕迹，说明无沿面放电现象存在，缺陷在绝缘子内部，组合电器开罐检查过程如图10-9所示。

图10-9　组合电器开罐检查并找出疑似缺陷绝缘子（一）

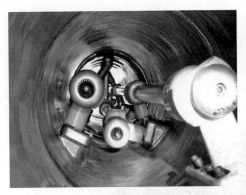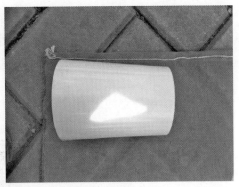

图 10-9 组合电器开罐检查并找出疑似缺陷绝缘子(二)

组合电器整体恢复安装后,进行耐压试验和局放测试,试验合格,无明显放电信号存在,复测特高频局放情况如图 10-10 所示。

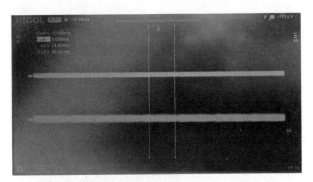

图 10-10 复测特高频局放信号无异常

3 只疑似缺陷绝缘子由制造厂技术人员带回工厂进行全面检测分析。3 月 8 日,进行了 X 射线检测,检测结果显示无明显可视缺陷,探伤图片如图 10-11 所示。

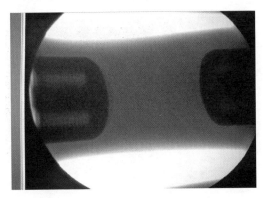

图 10-11 绝缘子 X 射线探伤情况

然后对 3 只支柱绝缘子分别进行耐压和局放试验。先升压至 230kV,保压 5min,3 只支柱绝缘子均无闪络击穿等现象;然后降压至 87kV(1.2 倍相电压)测量局部放电电量,A、B 两相分别为 1.72pC 和 1.76pC,不大于 3pC,满足反措要求,而 C 相支柱绝缘子局放电量为 10.29pC,局部放电量明显超标,A、B、C 三相支柱绝缘子局放测量结果分别如图 10-12~图 10-14 所示。

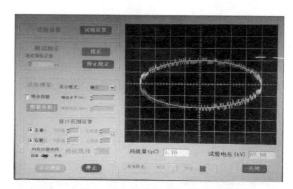

图 10-12　A 相支柱绝缘子局放测量结果

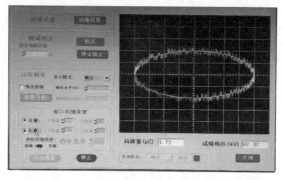

图 10-13　B 相支柱绝缘子局放测量结果

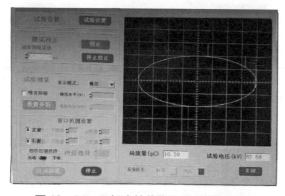

图 10-14　C 相支柱绝缘子局放测量结果

因此由诊断结果推断，C相支柱绝缘子应为组合电器设备运行状态下的局放源所在。

通过与制造厂技术人员沟通并综合分析局放测试结果和现场处理情况，得出缺陷形成原因的分析结论如下：

该组合电器为 2005 年出厂的产品，在出厂之前分别对支柱绝缘子本身、组合电器整机进行了工频耐压及局放试验，均符合出厂试验要求。制造厂技术人员认为该缺陷是在 2005 年组合电器设备投运之后的运行过程中发展起来的，其成因可能如下：现场母线对接安装过程中未按正确的施工工艺施工，造成绝缘件受力，加速了绝缘件的老化。针对该组合电器主母线结构，对接时应先安装分段间隔，再往两侧对接，Ⅰ母线部分是先将过渡母线与分段间隔对接，再安装波纹管，再将仿马Ⅱ线与波纹管对接（母线筒内用于对接的 3 根导电杆较长，1665mm）。由于本工程母线筒侧面均未设置安装手孔（若设置安装手孔，在母线筒对接过程中可很轻易地观察到内部触头的对接过程，发现对接不正可及时进行调正），造成对接困难。一旦内部导杆摆放不正，就很容易发生与待对接触头的顶撞，撞击力进而传递到绝缘支柱上，严重的会直接断裂，轻微的虽不会断裂，但会造成其内部损伤，有时是极细微的裂纹（返厂 X 光探伤未发现也验证了是极细微的缺陷）也会导致局放值超标，本次缺陷的成因应该属于此类情况。

## 4　经验体会

（1）采取特高频法与超声波法有效结合的组合电器局放检测方式，不忽略任何一个测试细节，不放过任何一个微小问题，做到不漏检、不误检、不盲检，保证了组合电器带电检测工作质量及成效。

（2）常态化开展带电测试工作，制定有效的测试方案，并有针对性地进行故障排查；对发现的问题应及时分析，并根据实际情况结合停电进行处理。

（3）严格基建工程现场组合电器设备中导电杆的对接工艺。现场对接时注意母线筒间的自由对接，避免内部导体别抗、顶撞或磕碰，防止异常应力作用于绝缘件。

（4）新建组合电器站现场耐压试验过程中应同时进行局部放电测试，以便及早发现现场对接过程中可能造成的隐性缺陷。

# 第二篇 组合电器发热检测异常典型案例

## 案例十一 110kV 组合电器电缆气室三相 互通导气管温度异常红外检测分析

### 1 案例经过

2016 年 4 月 20 日，电气试验班人员对 220kV 变电站 110kV 组合电器设备进行红外热像检测时，发现 110kV 绣化线 107 间隔电缆出线 G74 气室三相互通导气管温度异常，最高热点温度为 49.3℃，温升 19.3K，且无放电及气体漏气现象。

经现场检查发现电缆气室绝缘盆处与相邻气室无等电位跨接片及专用外壳接地铜排，电缆气室外壳通过气室支柱螺栓接地。初步分析，由于支柱螺栓的接地电阻三相不平衡，造成运行时电缆气室外壳产生的环流流经气室连接的互通导气管（90A），互通导气管路为铜材质，设计时不作为导流元件，但环流通过会造成导气管发热。该变电站 110kV 组合电器设备电缆出线气室均采用相同设计，所有互通导气管均有不同程度的环流流过，该厂家组合电器设计存在问题，已联系厂家进行整改。

### 2 检测分析

#### 2.1 检测基本信息

检测基本信息见表 11-1。

表 11-1 检 测 基 本 信 息

| 1. 检测时间、人员 | | | |
|---|---|---|---|
| 测试时间 | 2016 年 4 月 20 日 | 测试人员 | ×××、×× |
| 2. 测试环境 | | | |
| 环境温度 | 28℃ | 环境湿度 | 45% |
| 3. 仪器信息 | | | |
| 仪器 1 | P30 红外热像仪 | 生产厂家 | FLIR |
| 4. 被检测设备基本信息 | | | |
| 生产厂家 | 某电气集团股份有限公司 | 型号 | ZF10-CB |
| 生产日期 | 2010 年 10 月 28 日 | 投运日期 | 2010 年 5 月 1 日 |

#### 2.2 红外检测

4 月 20 日，试验人员对 220kV 变电站 110kV 组合电器设备进行精确测温，发现 110kV 绣化线 107 间隔 G74 气室三相互通导气管存在异常发热现象，其中热点温度为 49.3℃，温差 15.7K，三相互通导气管热像图如图 11-1 所示。检测部位可见光图片如图 11-2 所示。现场检测环境条件见表 11-2。

表 11-2                                 现 场 检 测 环 境 条 件

| 环境温度 | 环境参照体温度 | 环境湿度 | 风速 | 负荷电流 |
|---|---|---|---|---|
| 28℃ | 30℃ | 45% | <0.5m/s | 368A |

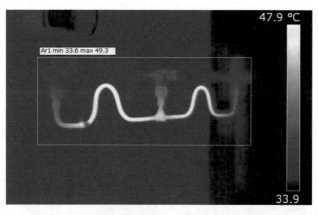

图 11-1　110kV 绣化线 107 间隔 G74 气室三相互通导气管热像图

图 11-2　110kV 绣化线 107 间隔 G74 气室三相互通导气管可见光图片

### 2.3　红外检漏

检测人员对 110kV 绣化线 107 间隔进行 $SF_6$ 红外检漏工作，未发现漏气现象。

### 2.4　超声波、特高频检测

检测人员对 110kV 绣化线 107 间隔进行超声波、特高频检测，检测结果正常。

## 2.5 SF$_6$气体成分分析

检测人员对 110kV 绣化线 107 间隔 G74 气室进行 SF$_6$气体分解物检测，检测结果见表 11-3，检测结果合格。

表 11-3                         SF$_6$气体分解物检测数据

| 设备（气室） | H$_2$S（μL/L） | SO$_2$（μL/L） | HF（μL/L） | CO（μL/L） | 表压（MPa） |
|---|---|---|---|---|---|
| 110kV 绣化线 G74 气室 | 0 | 0 | 0 | 10.2 | 0.42 |

综合检测结果，该 110kV 绣化线 107 间隔 G74 气室内部无异常放电及漏气现象。

# 3 隐患处理情况

## 3.1 整体外观检查

为了进一步排查发热原因，检修和试验人员对该间隔设备进行整体外观检查。发现电缆 G74 气室绝缘盆处无等电位跨接片，如图 11-3 所示。

图 11-3 电缆气室绝缘盆处无跨片

为了消除设备运行时组合电器外壳的感应电位，通常采用安装三相短路排的方式通过三相可靠短接后接地。但该间隔的短路排设计在 107-D3 接地开关下部（见图 11-4），而电缆出线 G74 气室绝缘盆处又未安装等电位跨接片，电缆气室外壳通过气室的支柱螺栓接地，如图 11-5 所示。

图 11-4　110kV 绣化线 107 间隔三相短路排

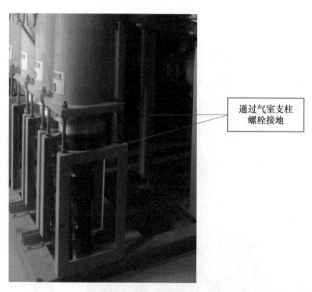

通过气室支柱
螺栓接地

图 11-5　电缆气室外壳通过气室支柱螺栓接地

由于支柱螺栓的接地电阻三相不平衡，运行时罐体气室外壳产生的环流会选择接地电阻相对较小的路径流通，连接三相气室的三相互通导气管就变成了"最佳通道"，较大的环路电流流经导气管，造成发热。

## 3.2　钳形电流表测试导气管电流

为了验证气体管路发热是由于罐体环流引起的，试验人员使用钳形电流表对具有相同结构的 4 条线路测量导气管路流过的电流，测试数据见表 11－4。

表 11－4　　　　　　　　　钳形电流表测试导气管电流数据

| 设备（气室） | 实时负荷电流（A） | 检测电流（A） |
| --- | --- | --- |
| 110kV 绣化Ⅱ线 105 间隔 G54 气室 | 136 | 25.9 |
| 110kV 绣化线 107 间隔 G74 气室 | 352 | 90.5 |
| 110kV 绣工线 108 间隔 G84 气室 | 240 | 47.9 |
| 110kV 百江线 109 间隔 G94 气室 | 263 | 56 |

从以上 4 个间隔的测试数据可以看出，每一个间隔的导气管均有不同程度的环流流过，而且环流大小与负荷高低呈正比关系。

### 3.3　裸铜线短接接地

为降低流过 G74 气室三相导气管中的电流，试验人员使用裸铜线对 107 间隔 G74 气室三相进行短接并接地（见图 11－6），短接后测得互通导气管中的电流降低为 78.8A（见图 11－7），说明短接线起到了分流的作用。但由于短接线并非压接，与组合电器的接触电阻过大，同时短接线本身电阻较短路排电阻大，分流效果不明显，仅能作为暂时的应对方案。

联系生产厂家对该组合电器加装连接片，及时消除了发热缺陷，同时对该厂家的设备进行整体排查、整改。

图 11－6　光铜线短接 107 间隔 G74 三相气室

图 11-7　光铜线短接 107 间隔 G74 三相气室后的电流测量

## 4　经验体会

（1）红外热像检测可以有效发现组合电器设备各种内部、外部过热缺陷。根据国家电网有限公司反措要求，应认真开展组合电器设备内部过热缺陷的带电检测工作。重点加强组合电器设备导体接头对应部位壳体的红外普测及精确测温工作，结合相间（不同部位）的相对温差、壳体表面温度梯度变化的图像特征等因素综合判断，相对温差 3K 以上的应加以关注，必要时结合 $SF_6$ 分解物检测、直流电阻测试等手段进一步分析。

（2）罐体环流引起外部发热虽不直接影响组合电器运行，但长期高温影响组合电器绝缘件寿命，并容易使密封件老化，密封性能下降，引起漏气。因此，罐体环流引起法兰等部位发热不应忽视，应按照设备接头类红外热像诊断标准判断，并及时处理。

（3）该厂家生产 110kV 组合电器设备未采用全链多点接地方式，电缆气室外壳与其他气室未安装等电位连接片，电缆出线气室采用的支柱螺栓接地，三相罐体间的距离太近，引起的场强过于集中，使得三相导气管中产生较高的感应电压，致使罐体环流经气室三相互通连接管路引起导气管发热，存在严重设计缺陷。

（4）建议在今后组合电器设备验收时，增加对壳体接地的检查，避免出现此类现象。

## 案例十二 220kV 组合电器盆式绝缘子跨接联板发热检测分析

### 1 案例经过

2015 年 9 月 10 日，检修公司变电检修班试验人员在进行某 500kV 变电站全站测温时，发现该 4 号主变 220kV 侧 204 间隔—3 隔离开关组合电器盆式绝缘子 C 相跨接联板发热，现场实测温度 48.7℃，与同位置另一侧的跨接联板相对温差达64%。4 号主变 220kV 侧 204 间隔组合电器盆式绝缘子 C 相跨接联板发热图谱如图 12-1 所示。相邻间隔正常跨接联板温度图谱如图 12-2 所示。

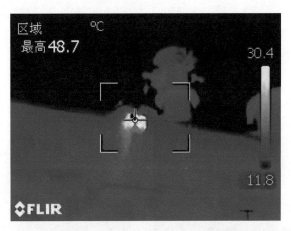

图 12-1  204 间隔组合电器盆式绝缘子 C 相跨接联板发热图谱

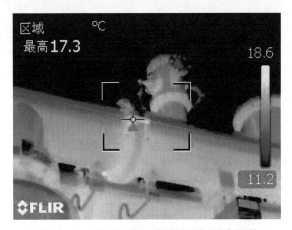

图 12-2  相邻间隔正常跨接联板温度图谱

试验班人员对红外测温图谱进行分析后,再次到现场对该处的跨接联板用钳形电流表进行测量,测量回路电流32A,判断该发热点可能是由于跨接联板与外壳接触不良造成的接触面发热。

## 2 检测分析

检测情况:天气晴朗,环境温度26℃,风速2m/s,相对湿度62%,天气晴。

检修人员采用型号为FLIR T330红外测温仪对220kV组合电器4号主变204开关间隔盆式绝缘子 C 相跨接联板发热点进行再次精确测温,并将缺陷情况及测温图谱进行分析,制定缺陷处理方案。

## 3 缺陷处理过程

2015年10月8日对4号主变220kV侧204间隔停电,检修人员拆除该间隔盆式绝缘子 C 相发热的跨接联板,对其压接情况和接触面进行检查,发现该跨接联板的螺栓压接面不足,紧固螺栓与接地板接触面侧有多处烧伤痕迹,如图12-3、图12-4所示。

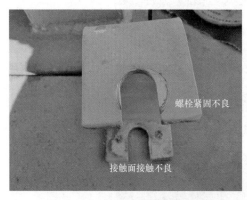

图12-3 发热的跨接联板照片　　　　图12-4 发热的跨接联板照片

由此判断产生发热的原因为:在该设备运行过程中,跨接板处由于要使产生的漏磁电流导入地网,电流幅值较大,该跨接处接触不良、电阻增大,导通电流通过会产生发热现象,进而烧伤跨接联板,最终可能导致事故的发生。检修人员对该发热点进行处理,拆除跨接联板进行检查,将烧伤处打磨平整,使其无明显凹凸点,并均匀涂抹导电膏,更换螺栓,重新进行跨接联板安装,恢复设备完好状态,如图12-5、图12-6所示。

图 12-5　处理完毕后的跨接联板　　　　　图 12-6　恢复联板

## 4　设备送电后复测

开关送电后半小时，检修人员对原发热部位重新进行复测，检测温度为 C 相 17.9℃，A 相 18.1℃，B 相 17.3℃（环境温度 15℃）。原发热点消除，设备工作正常。

## 案例十三 220kV 组合电器接地开关壳体及 跨接联板温度异常检测分析

### 1 案例经过

2015 年 12 月 24 日，变电检修人员对某 220kV 变电站组合电器开展红外测温工作，发现 220kV 华广线 217 间隔 217—D3 接地开关壳体及跨接联板存在异常发热现象，因发热部位温差较小（0.9K），暂定跟踪检测。2016 年 1 月 20 日，电气试验人员对发热接地开关跟踪复测，发现接地开关发热部位依然存在，温度没有继续升高趋势。结合该间隔特高频局放检测和超声波局放检测结果，排除内部局部放电和导体接触不良造成发热可能，判断由于罐体环流通过接地开关及外侧跨接联板流通引起发热。

### 2 检测分析

#### 2.1 检测对象

某 220kV 变电站 220kV 组合电器户内布置，产品型号为 IFT-252，生产日期 2010 年 12 月，2012 年 4 月 20 日投运，采用三相分箱布置、全链多点接地方式，如图 13-1 所示。

根据初步判断，进行红外测温、超声波局放检测、特高频局放检测。检测时 220kV 华广线 217 间隔处于运行状态，217—D3 接地开关分闸，接地开关动触头部位无电流。

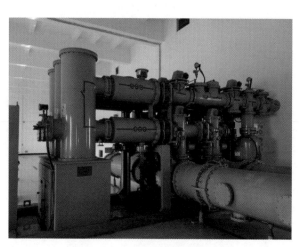

图 13-1 三相分箱布置间隔图

## 2.2　检测数据

2015 年 12 月 24 日，电气试验人员对该变电站开展红外测温工作，发现 220kV 华广线 217 间隔 217—D3 接地开关壳体及跨接联板存在温度异常现象，红外谱图如图 13 - 2、图 13 - 3 所示。

图 13 - 2　华广线 217 间隔红外谱图

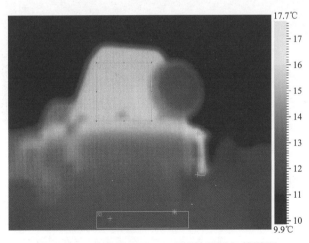

图 13 - 3　华广线 217—D3 接地开关红外谱图

检测时环境温度 12℃，环境参考温度 12℃，相对湿度 55%，室内风速 0.3m/s，线路负荷电流 712A。接地开关壳体温度 15.3℃，外侧跨接联板温度 14.6℃，法兰下部组合电器罐体温度 12.6℃。部分区域测温数据见表 13 - 1。

表13-1    华广线217—D3接地开关区域测温数据

| 标记位置 | 辐射率 | 最小温度 | 平均温度 | 最大温度 | 备注 |
|---|---|---|---|---|---|
| 接地开关壳体 | 0.92 | 14.1℃ | 15.3℃ | 16.4℃ | |
| 跨接联板 | 0.92 | 12.9℃ | 14.6℃ | 16.1℃ | |
| 组合电器罐体 | 0.92 | 11.7℃ | 12.6℃ | 13.2℃ | |

测量发现该接地开关壳体温度比组合电器罐体温度高 2～3℃，该间隔 217—
D2 及 217—D31 接地开关壳体温度与罐体温度相同。为避免因光照及拍摄角度影
响，试验人员在组合电器顶部进行了检测，证实 217—D3 接地开关确实存在过热
现象，并且该接地开关壳体温度三相平衡，多个跨接联板及三相短路排接头部位同
时存在发热现象，上部获得的红外谱图如图 13-4 所示。该间隔其他接地开关及其
他间隔接地开关未发现相似异常。

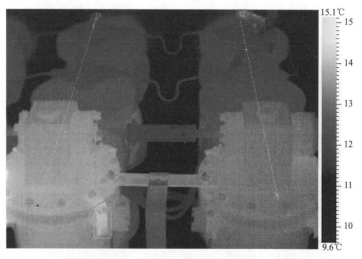

图13-4  华广线217—D3接地开关红外谱图

### 2.3  分析判断

检测时 220kV 华广线 217—D3 接地开关处于分闸状态，内部动触头无电流通
过，可以排除内部触头接触不良造成发热。结合组合电器超声波局放检测和特高频
局放检测结果（见图 13-5、图 13-6），排除了内部存在局部放电的可能。

因接地开关在运行情况下动触头部位没有电流流通，也无电压，正常情况下不
应出现发热，现场对组合电器进行局放检测也未发现内部有放电情况。判断该处壳
体发热有可能为漏磁或环流造成。现场采用强力磁铁对接地开关壳体及组合电器罐
体进行对比，磁铁均无吸力，判断壳体和罐体均为铝合金材质，不存在漏磁引起涡

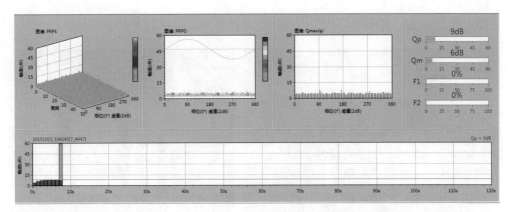

图 13-5　华广线 217—D3 盆式绝缘子特高频检测 PRPD 和 PRPS 图谱

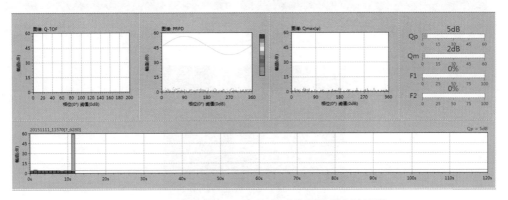

图 13-6　华广线 217—D3 盆式绝缘子超声波图谱

流发热情况。

　　当组合电器内部导电杆流过电流时，组合电器罐体感应环流，环流大小与罐体的材质、半径、厚度、组合电器排列方式、接地点之间长度、相间距等因素相关。该间隔分别在套管、217—D3、217—D2 和 217-1 处（图 13-7 中分别以接地点 1、2、3、4 标出）通过短路排短接后接地，分析认为，因接地点 1 与接地点 2 之间组合电器罐体长度较长，且分布上无反向电流影响，罐体环流较大。接地点 2 与接地点 3 之间虽然罐体长度也较长，但空间分布上，上下电流反向对环流起到抑制作用。

　　为验证 217—D3 接地开关壳体发热确由环流引起，现场使用钳形电流表测量盆式绝缘子跨接联板及三相短路排电流。检测时 220kV 华广线 217 间隔负荷电流为 712A，流过盆式绝缘子 4 个跨接联板的罐体环流总和达到 230A，三相短路排电流超过钳形电流表量程（100A）无法测量（见图 13-8），其他接地点处罐体环流较小（大约为 20~30A）。较大的罐体环流通过 217—D3 接地开关短接后接地。由于此处罐体尺寸小、电阻增大引起接地开关壳体部位发热。因盆式绝缘子跨接联板接触电阻不均衡，接触良好的跨接联板通过较多电流，引起跨接联板发热。

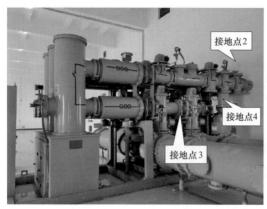

(a)                                        (b)

图 13-7　华广线 217 间隔

图 13-8　华广线 217 间隔跨接联板环流

罐体环流引起外部发热虽不直接影响组合电器运行，但长期高温影响组合电器绝缘件寿命，并容易使密封件过早老化，密封性能下降，引起漏气。因此，罐体环流引起盆式绝缘子、法兰等部位发热不应忽视，应加强监测，有机会及时处理。

## 3　隐患处理情况

为保障电网的安全运行，及时消除事故隐患。检修人员决定带电对发热的三相短路排及所有的跨接联板进行打磨紧固处理，处理后跨接联板及三相短路排存在的异常发热缺陷被消除。217—D3 接地开关壳体发热因结构原因，暂未消除。为此，应加强对此处的红外测温和红外检漏工作，有条件时通过增加三相短路排或接地点的方式，减小通过 217—D3 接地开关处的罐体环流。

## 4　经验体会

（1）红外热像检测可以有效发现组合电器设备各种内部、外部缺陷。根据国网公司反措要求，各单位应认真开展组合电器设备内部过热缺陷的带电检测工作。重点加强组合电器设备导体接头对应部位壳体的红外普测及精确测温工作，结合相间（不同部位）的相对温差、壳体表面温度梯度变化的图像特征等因素综合判断，对相对温差 3K 以上的应加以关注，必要时结合 $SF_6$ 分解物检测、直阻测试等手段进一步分析。

（2）一旦发现某一设备带电测试存在异常后，应进行跟踪复测，并应采用多种试验手段对其进行综合分析，确定设备故障原因及位置，必要时进行停电处理。

（3）为了保证变电站设备安全运行，带电检测技术和停电检查试验应相互配合。通过对现场出现问题的发现、检查、分析及处理，不断积累经验，掌握各种一次设备故障原因分析与处理方法，提高故障处理效率。

<br>

## 案例十四  110kV 组合电器出线套管线夹发热检测分析

### 1　案例经过

某 110kV 变电站组合电器室内布置，于 2008 年 7 月 2 日投运，110kV 港城 Ⅱ 线 112 间隔通过穿墙套管，采用架空线路出线结构。

2015 年 12 月 30 日，电气试验人员在进行变电站带电测试工作中，发现 110kV 港城 Ⅱ 线 112 间隔出线套管 A 相、C 相接头处发热，并且 A 相中间连接线发热严重，其中 A 相温度 102℃，B 相温度为 5.1℃，C 相温度为 28.4℃，A、B 相温度差最大，属于典型的电流致热型缺陷，初步判断为接线螺栓松动，应立刻停电进行处理。

12 月 30 日晚，110kV 港城 Ⅱ 线 112 间隔停电后，现场观察发现 A 相中间连接引线有明显散股，拆开发热部位，发现三相线夹压接片均有断裂，导致线夹紧固导线不紧，进而发热。检修人员现场对压接片进行了更换，打磨线夹及下引线，重新涂抹导电膏，更换全部螺栓，并进行了套管清扫、螺栓紧固等相关工作。处理完毕后设备恢复运行，复测红外热像图谱，温度显示正常，过热缺陷得到及时消除，成功避免了一起严重的 110kV 线路停电故障。

### 2　检测分析

2015 年 12 月 30 日，天气晴朗，相对湿度为 50%，无明显风速，电气试验人员持第二种工作票，对某 110kV 变电站进行红外测温过程，发现 110kV 港城 Ⅱ 线 112 间隔出线套管（见图 14－1）A 相、C 相接头处发热，并且 A 相中间连接线发热严重，其中 A 相温度 102℃，B 相温度为 5.1℃，C 相温度为 28.4℃，红外测温图谱如图 14－2 所示，测试数据见表 14－1，测试仪器选用 Testo 890 红外热像仪。

图 14－1　出线套管可见光图像

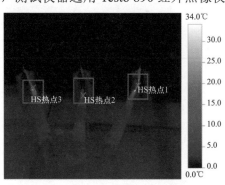

图 14－2　出线套管红外测温图谱

表 14-1　　　　　　110kV 港城Ⅱ线 112 间隔出线套管红外测温数据

| 测量对象 | 温度（℃） | 辐射率 | 反射温度（℃） |
|---|---|---|---|
| 测量点 HS1（A 相） | 102 | 0.95 | 3.0 |
| 测量点 HS2（B 相） | 5.1 | 0.95 | 3.0 |
| 测量点 HS3（C 相） | 28.4 | 0.95 | 3.0 |

由上述数据可以看出，A、B 相温差 96.9K，A、C 相温差 73.6K，B、C 相温差 23.3K。根据 DL/T 664—2016《带电设备红外诊断应用规范》规定：输电导线的连接器（耐张线夹、接续管、修补管、跳线线夹、T 形线夹、设备线夹等），接头和线夹部位热点温度大于 90℃，温差超过 15K，属电流致热型严重缺陷，A、C 相套管接头发热情况符合本标准特征，判断为接线螺栓松动引起的发热。

## 3　隐患处理情况

2015 年 12 月 30 日晚，变电检修人员对 110kV 港城Ⅱ线 112 间隔出线套管停电处理。现场观察发现 A 相中间连接线有明显散股，如图 14-3 所示。

检修人员拆解设备线夹后发现，线夹为老式螺栓型线夹，A、B、C 每相 3 片压接片各有 1 片存在裂纹，如图 14-4 所示。压接片的断裂导致线夹紧固导线不紧，进而发热。检修人员现场用铝排制作压接片更换，打磨线夹和下引线，重新涂抹导电膏，更换全部螺栓，并进行了套管清扫、螺栓紧固等相关工作，如图 14-5、图 14-6 所示。缺陷处理完毕后进行线夹部位回路电阻测试，测试结果见表 14-2。

图 14-3　A 相中间连接线散股图片

图 14-4　压接片断裂

图14-5　更换线夹

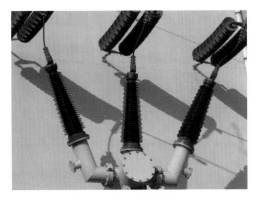

图14-6　更换后图片

表14-2　　　　　　　　　　　　回路电阻测试结果表

| 相序 | 试验仪器：HL200A 回路电阻测试仪 | | |
| --- | --- | --- | --- |
| | A 相 | B 相 | C 相 |
| 测试值（μΩ） | 20.1 | 19.7 | 19.8 |

2015年12月31日凌晨，110kV港城Ⅱ线112间隔出线套管缺陷处理完毕并恢复运行，随即试验人员对其进行了红外测温，红外测温图谱如图14-7所示，温度显示正常，过热缺陷得到及时消除。

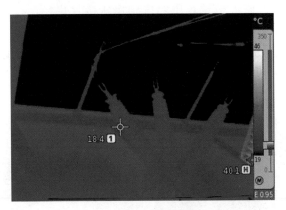

图14-7　线夹处理后的红外测温图谱

## 4　经验体会

（1）老式螺栓型线夹采用生铝材质，延展性差，螺栓紧固时容易导致压接片出现裂纹，运行时间一长，导致线夹紧固导线不紧，导线与线夹之间松动，存在运行隐患。应逐步将老式螺栓型设备线夹更换为压缩型设备线夹，彻底清除运行隐患。

（2）应加大红外测温技术的应用，红外热像检测技术能够及早发现设备缺陷，除了在迎峰度夏、度冬前及周期性红外热像精确测温外，还可以在到期的设备检修、试验前及重要设备停电前进行红外测温工作，有效地指导设备检修，提高检修工作效率和工作质量。

## 案例十五 110kV 组合电器出线套管接头发热检测分析

### 1 案例经过

某 220kV 变电站 110kV 间隔为室内组合电器设备，110kV 坨七线 120 出线套管采用架空线路出线结构，于 2015 年 11 月 5 日投运。

2015 年 12 月 17 日，电气试验人员在变电站进行带电测试工作，在对变电站一次设备进行红外测温（采用 testo 890 红外热像仪）时，发现 110kV 坨七线 120 出线套管 C 相接头处存在发热情况，C 相最高温度为 14.0℃；A 相温度 -2.7℃，B 相温度为 -3.1℃。A、B 相温差 0.4K，A、C 相温差 16.7K，B、C 相温差 17.1K。

C 相套管上端接线板热点温度高，相对其他两相温差大，属于典型的电流致热型缺陷。12 月 29 日，对坨七线 120 出线套管进行了跟踪复测（采用 FLIER420 红外热像仪），发现 C 相套管上端接线板发热情况加重。12 月 30 日将坨七线 120 间隔停电消缺，检修人员拆开发热部位，将局部氧化的导线及套管压接面进行打磨并涂抹导电膏，更换紧固螺栓，同时对三相套管外绝缘均进行了清扫。处理完毕后，对三相套管线夹部位分别进行回路电阻测试，数据正常，将设备恢复运行，再次复测红外热像图谱，温度显示正常，缺陷得到消除。

### 2 检测分析

2015 年 12 月 17 日 17 点，天气晴，气温为 2.6℃，相对湿度为 48%，电气试验人员对该 220kV 变电站一次设备进行红外精确测温，测试过程中发现 110kV 组合电器坨七线 C 相出线套管上端与导线接头处温度较其他两相温差较大，最高温度达到 14.0℃，测温图谱、图像如图 15-1～图 15-2 所示，测温数据见表 15-1。

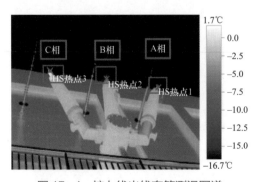

图 15-1 坨七线出线套管测温图谱

图 15-2　坨七线 120 出线套管

表 15-1　　　　　　　110kV 坨七线出线套管红外测温数据

| 测量对象 | 温度（℃） | 辐射率 | 反射温度（℃） |
|---|---|---|---|
| 测量点 M1（A 相） | -2.7 | 0.95 | 3.0 |
| 测量点 M2（B 相） | -3.1 | 0.95 | 3.0 |
| 测量点 M3（C 相） | 14.0 | 0.95 | 3.0 |

　　110kV 坨七线出线套管 C 相接头处发热，C 相最高温度为 14.0℃；A 相温度 -2.7℃，B 相温度为 -3.1℃。A、B 相温差 0.4K，A、C 相温差 16.7K，B、C 相温差 17.1K。当时设备运行负荷情况为有功 $P=35.4$MW，电流 $I=189.0$A。初步判定为接线螺栓松动，属于典型的电流致热型缺陷，且为一般缺陷。

　　为了进一步掌握发热情况的变化，2015 年 12 月 29 日，天气晴，气温 6℃，相对湿度 57%，电气试验人员对 110kV 坨七线出线套管进行跟踪复测，测试图谱见图 15-3，具体红外测温数值见表 15-2。

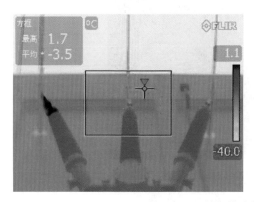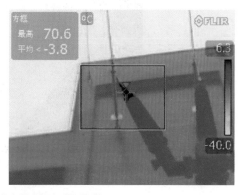

图 15-3　坨七线出线套管复测测温图谱

表 15-2                          110kV 坨七线出线套管红外测温数据

| 测量对象 | 温度（℃） | 辐射率 | 反射温度（℃） |
|---|---|---|---|
| 测量点（A 相） | 1.7 | 0.95 | 3.0 |
| 测量点（B 相） | 1.4 | 0.95 | 3.0 |
| 测量点（C 相） | 70.6 | 0.95 | 3.0 |

110kV 坨七线出线套管 C 相接头处发热，C 相最高温度为 70.6℃；A 相温度 1.7℃，B 相温度为 1.4℃。A、B 相温差 0.3K，A、C 相温差 68.9K，B、C 相温差 69.2K。当时负荷为有功 $P = 17.2MW$，电流 $I = 91.0A$，与 12 月 17 日红外测温测量数据比较，尽管负荷电流减小了一半多，C 相接头处的温度却增加了 56.6K，根据 DL/T 664—2016《带电设备红外诊断应用规范》规定：接头和线夹部位热点温度大于 90℃，温差超过 15K，属电流致热型严重缺陷，C 相套管接头发热情况符合本标准特征。缺陷发展速度快，应尽快安排计划进行检修。

## 3 隐患处理情况

2015 年 12 月 30 日上午 10 时，110kV 坨七线间隔停电，变电检修人员拆卸 C 相接头后发现：C 相导线线夹与出线套管接线板之间未加装铜铝过渡片，导电膏涂抹较多且不均匀，进而导致套管接头处发热，接头联板氧化情况如图 15-4 所示。检修人员对线夹重新打磨，加装了铜铝过渡片，并均匀涂抹导电膏，跨接联板，如图 15-5 所示。

图 15-4　套管 C 相接头联板氧化情况

图 15-5　接头打磨、加装铜铝过渡片

现场缺陷处理完毕后,将 HL200A 回路测试仪对三相线夹部位分别进行回路电阻测试,测试结果见表 15-3。

表 15-3　　　　　　　　回 路 电 阻 测 试 结 果

| 试验仪器：HL200A 回路电阻测试仪 | | | |
| --- | --- | --- | --- |
| 测试部位 | A 相 | B 相 | C 相 |
| 测试值（μΩ） | 18.7 | 19.1 | 17.9 |

回路电阻测试结果正常,将 110kV 坨七线间隔恢复送电后,进行红外测温复测,C 相线夹处温度正常,缺陷消除。

110kV 坨七线间隔向油田客户供电,客户架空线接入时使用的是铜质线夹,而套管接头处接线板为铝制接线板,铜铝长期直接接触导致接触电阻增大,负荷电流增大时引起出线套管接头发热。

## 4　经验体会

（1）随着带电检测技术的发展,利用各项带电测试项目,能及时发现运行中电网一次设备可能存在的安全隐患,特别是红外测温方法已经成为诊断设备发热缺陷的有效手段。因此应该重视红外测温工作,加强变电检修人员对该项工作的培训及学习。

（2）在新用户接入时,工作负责人要严格按照技术标准、施工标准进行验收,线夹接触面必须光滑、清洁,导电膏涂抹适量,铜铝接触面必须使用铜铝过渡片。

（3）为及时地发现和处理缺陷,应加强各专业之间的协同配合,畅通设备运行和缺陷处理信息共享。

（4）带电测试工作应严格执行检测项目、周期和标准要求。在分析数据时,加强数据的横向对比和纵向对比,并且对有可能发展为缺陷的设备进行跟踪测量,以便及时掌握设备缺陷动态。

## 案例十六 110kV 组合电器出线套管本体发热检测分析

### 1 案例经过

某 220kV 变电站 110kV 组合电器出线套管为穿墙户外使用,出厂日期为 2013 年 3 月,2013 年 7 月 22 日投运。2015 年 12 月 25 日,电气试验和变电检修人员持第二种工作票,对该 220kV 变电站 110kV 组合电器设备区进行红外测温时,发现 110kV 营北一甲线出线套管温度异常,发现 A 相套管温度最高为 53.1℃,B 相套管温度最高为 7.7℃,C 相套管温度最高为 45℃,属于典型的电压致热型缺陷。随后又对其进行了 SF$_6$ 气体湿度及 SF$_6$ 气体成分分析检测,测试结果未见异常。立即将该线路由运行转备用,经与厂家相关技术人员沟通后决定对三相套管进行更换。

2015 年 12 月 30 日,停电进行三相套管更换工作。拆下三相出线套管后,可观察到 A、C 两相套管顶部根部有明显的放电灼伤痕迹,B 相较轻,初步判断为套管表面严重脏污,发生沿面放电所致。处理完毕后设备恢复运行,复测红外热像图谱,温度显示正常,缺陷得以及时消除,成功避免了一起严重的 110kV 线路停电故障。

### 2 检测分析

#### 2.1 红外测温

2015 年 12 月 25 日,天气有雾,相对湿度为 63%,无明显风速。电气试验班、变电检修人员对该变电站全站设备区进行红外测温,测温仪为 Testo 890 型红外热像仪。测试过程中发现 110kV 营北一甲线出线套管 A、B、C 三相存在明显的环状发热,其中 A 相正常点温度 A0 为 3.9℃,温度最高点 A2 为 53.1℃,最大温差为 49.2K;B 相正常点温度 B0 为 3.6℃,温度最高点 B1 为 7.7℃,最大温差为 4.1K;C 相正常点温度 C0 为 2.7℃,温度最高点 C2 为 45℃,最大温差为 42.3K,测量点红外测温图谱如图 16-1~图 16-4 所示,红外测温数据见表 16-1。

根据 DL/T 664—2016《带电设备红外诊断应用规范》规定:高压套管红外图谱热像对应部位呈现局部发热区故障,最大点温差大于 2~3K,属于典型的电压致热型缺陷。

图 16-1　出线套管 ABC 三相红外测温图谱

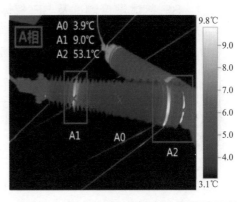

图 16-2　112 出线套管 A 相红外测温图谱

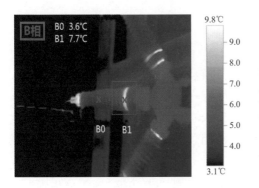

图 16-3　112 出线套管 B 相红外测温图谱

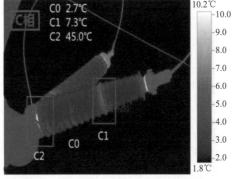

图 16-4　112 出线套管 C 相红外测温图谱

表 16-1　　　　　　　　110kV 营北一甲线出线套管红外测温数据

| 测量对象 | 温度（℃） | 辐射率 | 反射温度（℃） |
|---|---|---|---|
| 测量点 A0（A 相） | 3.9 | 0.95 | 3.0 |
| 测量点 A1（A 相） | 9.0 | 0.95 | 3.0 |
| 测量点 A2（A 相） | 53.1 | 0.95 | 3.0 |
| 测量点 B0（B 相） | 3.6 | 0.95 | 3.0 |
| 测量点 B1（B 相） | 7.7 | 0.95 | 3.0 |
| 测量点 C0（C 相） | 2.7 | 0.95 | 3.0 |
| 测量点 C1（C 相） | 7.3 | 0.95 | 3.0 |
| 测量点 C2（C 相） | 45.0 | 0.95 | 3.0 |

## 2.2 SF$_6$气体湿度测试及 SF$_6$气体成分分析检测

为进一步确定组合电器内部有无缺陷，检修人员对该气室做了 SF$_6$气体湿度测试及 SF$_6$气体成分分析检测。详细试验数据见表 16-2。

表 16-2 110kV 营北一甲线 112 间隔出线套管 SF$_6$气体相对湿度测试数据

| 设备位置 | 气室名称 | SO$_2$（μL/L） | H$_2$S（μL/L） | 露点（℃） | 相对湿度（μL/L） | 流量（L/min） |
|---|---|---|---|---|---|---|
| 营北一甲线 | 出线套管 | 0 | 0 | -25.4 | 89% | 0.766 |

从上述试验数据可以分析出，SF$_6$气体成分试验未见异常，说明组合电器气室内部无异常；出线套管红外图谱呈现环状发热，说明发热部位存在局部放电。考虑到沿海污染严重地区特殊的地理环境，初步判断该发热缺陷由套管表面脏污导致套管表面沿面放电所致。

# 3 隐患处理情况

2015 年 12 月 30 日，变电检修人员对套管进行更换工作。具体流程：对 110kV 营北一甲线 122 间隔出线套管气室放气至大气压→拆除下引线与绝缘子顶部接线板连接→按 A、B、C 相顺序吊卸发热绝缘子→检查新绝缘子外观无异常→清洁绝缘子与套管接触面、安装胶圈→按 C、B、A 相顺序吊装新绝缘子→连接下引线与绝缘子顶部接线板→对 110kV 营北一甲线 122 间隔出线套管气室抽真空至 133Pa 后再抽 30min→对 110kV 营北一甲线 122 间隔出线套管气室补充 SF$_6$至额定压力→静置 24h→对 110kV 营北一甲线 122 间隔出线套管气室检漏未发现漏点。更换过程如图 16-5 所示。

图 16-5 套管更换过程（一）

图 16-5　套管更换过程（二）

　　拆下套管后，发现套管表面防污闪涂料涂层薄且不均匀，套管顶部和根部表面脏污程度严重，有明显电弧灼伤的痕迹，如图 16-6～图 16-8 所示。

图 16-6　套管根部放电痕迹　　　　　　　图 16-7　套管顶部放电痕迹

图 16-8　套管表面积污严重

2015 年 12 月 31 日下午，110kV 营北一甲线间隔恢复送电，电气试验人员随即对其进行了红外测温，红外测温图谱如图 16-9 所示，温度恢复正常。

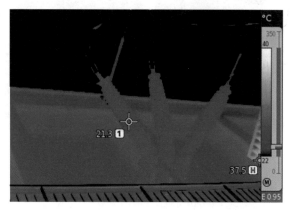

图 16-9　更换套管后的红外测温图谱

## 4　原因分析

通过检查吊卸下来的发热套管绝缘子，发现套管上、下法兰均对绝缘子放电，放电痕迹明显，黏胶表面的沟壑体现了放电电弧路径，部分伞群最外沿也有轻微的放电痕迹。绝缘子表面整体积污严重，擦拭表面污秽后，发现绝缘子喷涂的 RTV 防污闪涂料基本失效。另外该站位于海港经济技术开发区，周围化工企业密集、土建项目较多，加上期间雾霾天气频繁出现，导致绝缘子积污严重，进而法兰对绝缘子放电发热。

## 5　经验体会

（1）由于沿海工业发达地区特殊的地理环境，空气潮湿，盐碱密度高且雾霾严重，导致套管表面极其脏污，套管顶部和根部尤为严重。在高场强作用下，套管表面发生沿面放电，导致局部温升，甚至灼伤表面瓷釉。

（2）红外测温无论是在定期普测，还是在变电站设备停电前的状态评估中，均起到了重要作用，在一定程度上避免设备故障跳闸等电网事故的发生。红外精确测温可以有效发现电压致热型缺陷。通过红外精确测温，能够及时发现套管、互感器、避雷器等设备红外普测不容易发现的本体缺陷。因此，在今后的工作中，要重视对设备的红外测温，尤其是红外精确测温，认真分析异常测温结果，及时处理发热缺陷。

案例十七 **110kV 组合电器套管接头过热跟踪检测分析**

## 1　案例经过

某 220kV 变电站 2013 年 5 月正式投运，至 2016 年 3 月不足 3 年时间，设备处于不稳定，易发生运行隐患。2015 年 8 月 19 日，电气试验人员在对该站进行红外测温带电测试时，发现 110kV 组合电器石杜Ⅰ线 112 间隔穿墙出线套管 C 相的接头过热，温度达到 47.67℃。2015 年 10 月 21 日，对 110kV 石杜Ⅰ线 112 间隔进行复测，复测结果显示，110kV 石杜Ⅰ线组合电器 112 间隔穿墙出线套管 C 相的接头过热严重，温度高达到 206℃，呈快速恶化状态。

2016 年 3 月 18 日，检修人员根据停电计划进行组合电器出线套管接头进行解体检修，发现接头有严重的氧化生锈迹象，现场更换接头。2016 年 3 月 21 日，电气试验人员再次复测，测试结果正常。

## 2　试验分析

2015 年 5 月 10 日，电气试验班人员对 220kV 石村站进行带电检测，全站无异常，其中 110kV 石杜Ⅰ线 112 间隔穿墙组合电器出线套管无异常，红外成像图谱见表 17－1。表中依次为 A 相、B 相、C 相套管红外成像图谱及 C 相出线端子红外成像图谱，当时测量温度为 9.62℃。

表 17－1　　　　　正常情况下出线套管红外成像图谱

| 测量时间 | 2015.5.10 | 测量仪器 | P60 |
|---|---|---|---|
| 温度 | 26℃ | 相对湿度 | 73% |

A 相套管　　　　　　　　　　B 相套管

| 测量时间 | 2015.5.10 | 测量仪器 | P60 |
|---|---|---|---|
| 温度 | 26℃ | 相对湿度 | 73% |

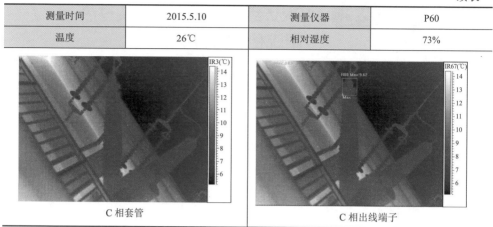

| C 相套管 | C 相出线端子 |
|---|---|

2015 年 8 月 19 日,电气试验人员在对 220kV 石村站进行红外测温带电测试时,发现 110kV 组合电器石杜 I 线 112 间隔穿墙出线套管 C 相的接头过热,其红外测试图谱见表 17-2。表中依次为 A 相、B 相、C 相红外成像图谱,从图中可见,A、B 两相接头温度分别为 34.93℃、30.78℃,而 C 相接头的最高温度则是 47.67℃。

表 17-2            2015 年 8 月 19 日套管 C 相红外测温图谱

| 测量时间 | 2015.8.19 | 测量仪器 | P60 |
|---|---|---|---|
| 温度 | 31℃ | 湿度 | 65% |

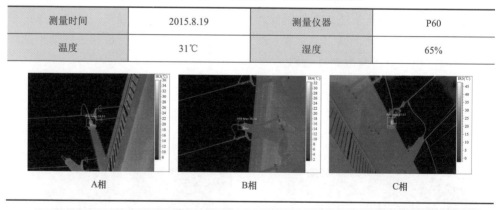

| A相 | B相 | C相 |
|---|---|---|

2015 年 10 月 21 日,变电检修室电气试验班测试人员对 110kV 石杜 I 线 112 间隔进行复测。复测结果显示,110kV 组合电器石杜 I 线 112 间隔穿墙出线套管 C 相的接头过热严重,温度高达到 62.68℃,见表 17-3,表中分别为红外成像图谱、可见光照片。

2016 年 3 月 17 日,运维人员在 220kV 石村站巡站时,对该站进行红外测温,测试结果表明,C 相套管出线接头严重过热,温度高达 209.81℃,见表 17-4。

表17-3　　　　　　　　2015年10月21日套管C相红外测温图谱

| 测量时间 | 2015.10.21 | 测量仪器 | P60 |
|---|---|---|---|
| 温度 | 24℃ | 湿度 | 51% |

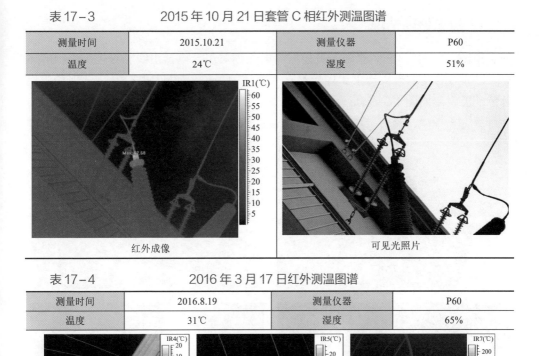

| 红外成像 | 可见光照片 |
|---|---|

表17-4　　　　　　　　2016年3月17日红外测温图谱

| 测量时间 | 2016.8.19 | 测量仪器 | P60 |
|---|---|---|---|
| 温度 | 31℃ | 湿度 | 65% |

| A相 | B相 | C相 |
|---|---|---|

　　根据几次测试时的负荷电流和温度测试结果绘制负荷—温度曲线，如图17-1所示。C相套管出线接头的温度与负荷电流的大小是呈正相关性，由此可见，该过热缺陷是电流致热导致的缺陷。

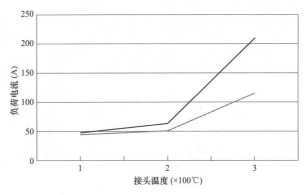

图17-1　C相套管出线接头的温度与负荷电流的大小是呈正相关

## 3 隐患处理情况

2016 年 3 月 18 日，检修人员根据停电计划对组合电器出线套管接头进行解体检修，解体后发现接头佛手和螺栓都有严重锈蚀现象，如图 17-2 所示。现场更换套管了接头，如图 17-3 所示。

图 17-2 接头的佛手和螺栓都有严重氧化生锈迹象

图 17-3 更换后的接头

2016 年 3 月 21 日，电气试验人员再次复测，测试结果正常，红外成像图谱如图 17-4 所示，处理后的 C 相套管出线接头的红外测温图谱表征温度正常，无过热现象。

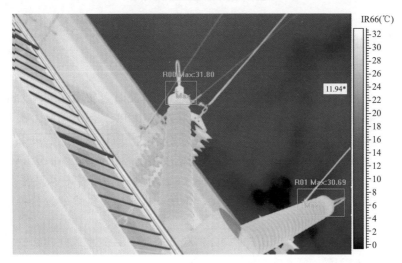

图 17-4　处理后的 C 相套管出线接头的红外测温图谱

## 4　经验体会

该变电站 2013 年 5 月正式投运，至发生出线套管过热故障不足 3 年，尚处在缺陷高发期。由于安装施工期间，作业人员责任心不强、工艺不规范，如接头打磨得不规范、氧化层处理不彻底、没有涂抹导电膏、使用了存在质量问题的螺栓，导致该接头氧化生锈、接触不良、电流致热。针对该隐患，应采取以下预防措施：

（1）安装施工时，应加强责任心，规范安装工艺、安装步骤。

（2）红外测温作为带电检测重要手段，可以精确地检测出设备过热缺陷，若发现数据异常，应结合停电进行进一步检查、试验。

（3）制定有效的带电测试方案，结合设备结构有针对性地进行故障排查，才能提高故障判断率。

（4）加强设备巡检力度，日间正常巡视重视线夹、连接等易过热部位，铜制、铝制发热变色情况需认真比对分析。

## 案例十八 220kV 组合电器密度继电器发热异常检测分析

### 1 案例经过

某变电站 220kV 组合电器 2009 年投运。

2016 年 1 月 5 日变电运维人员对变电站红外普测时，发现 220kV 组合电器 2 号主变 202－3 隔离开关气室的密度继电器（ZMJ100PR）温度偏高，最高温度为 54℃。1 月 6 日电气试验班组织人员进行红外精测，并对该站所有密度继电器进行红外测温，2 号主变 202－3 隔离开关气室的密度继电器最高温度为 62.2℃，2 号主变 203 间隔 220kV 侧进线气室最高温度 15.5℃。正常的密度继电器温度为 5.8℃，环境温度为 5.6℃。变电检修人员随即进行消缺，发现密度继电器远传模块的插件已严重烧焦。

通过及时发现密度继电器运行隐患，消除并避免了一起直流回路短路接地隐患及压力数据远传误报、漏报风险。

### 2 检测分析

2016 年 1 月 5 日变电运维人员对变电站红外普测时，发现 220kV 组合电器 2 号主变 202－3 隔离开关气室的密度继电器温度偏高，最高温度为 54℃。2016 年 1 月 6 日，电气试验人员进行红外精确测温，确认该隔离开关气室密度继电器的最高温度为 62.2℃，正常的密度继电器温度为 5.8℃，环境温度为 5.6℃，温升 56.6K，温差 56.4K，相对温差 99.6%。同时发现，2 号主变 202－3 间隔进线气室密度继电器温度异常，最高温度为 15.5℃。202 间隔进线气室、202－3 隔离开关气室红外图谱如图 18－1、图 18－2 所示。

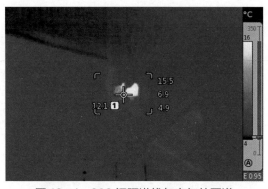

图 18－1 202 间隔进线气室红外图谱

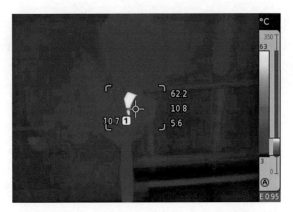

图 18-2　202-3 隔离开关气室红外图谱

ZMJ100P-PR 型 SF$_6$ 气体密度继电器是改型的带信号输出的压力表，主要由现场压力指示模块和远传模块组成，外形及结构示意如图 18-3、图 18-4 所示。

图 18-3　ZMJ100PR 型 SF$_6$ 气体密度继电器

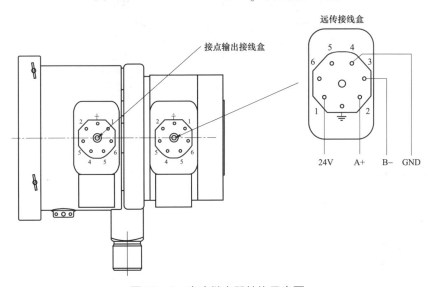

图 18-4　密度继电器结构示意图

根据密度继电器结构可知，现场指示模块主要用于现场压力指示和触点输出，并没有涉及交直流电源供给回路，而远传模块需要直流 24V 电源供给，方能实现数据的远传，因此，密度继电器发热部位应该在远传模块。通过分析红外谱图也可知，发热部分位于远传模块。该 220kV 变电站过去为室外布置的组合电器站，2015 年 5 月开始加装了钢构棚，初步分析发热原因为密度继电器密封不良内部受潮，远传模块内部线路、插件短路。短路会造成以下两个方面影响。

（1）短路使二次线芯破损造成直流短路、接地，而直流接地会使继电保护误动，短路造成空气断路器跳闸使其他设备失去直流电源。

（2）短路引起内部插件烧毁，远传模块数据上传不准确，误报缺陷会增加不必要的检修工作，漏报压力低缺陷会因消缺不及时引起设备事故。

## 3　隐患处理情况

2016 年 1 月 7 日，变电检修人员办理工作票进行隐患治理工作。二次人员首先对二次回路进行隔离，如图 18－5 所示。

图 18－5　工作人员进行二次回路隔离

图 18－6　问题密度继电器外观

检修人员拆除 2 号主变 202－3 隔离开关气室的问题密度继电器并进行外观检查，发现无异常，如图 18－6 所示。

电气试验人员拆除密度继电器远传模块后盖进行内部检查，发现插件及线路已严重烧焦，并有大量铁锈，如图 18－7 所示。

继续对 2 号主变 202－3 间隔进线气室密度继电器进行检查，远传模块插件局部已烧焦，如图 18－8 所示。

图 18-7　问题密度继电器远传模块严重烧焦

图 18-8　问题密度继电器远传模块烧焦

变电检修人员更换新的密度继电器并进行检漏，无异常，压力指示正确，隐患消除，如图 18-9、图 18-10 所示。

图 18-9　更换新的密度继电器

图 18-10　进行检漏

电气试验人员进行红外复测，测试结果正常，红外复测如图 18-11 所示。

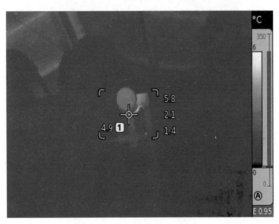

图 18-11　红外复测图谱

## 4　经验体会

（1）二次系统虽然有完善的监控系统，但发现缺陷有一定滞后性，只有发展为缺陷，监控系统才能发现。带电检测、在线监测特别是红外测温能提前发现潜伏性缺陷，有效避免设备事故，应大力研究并推广带电检测技术在二次设备状态检测中的应用。

（2）目前规程针对二次系统的红外测温规定较少，缺陷等级判定也无具体标准，因此应开展相关标准、规定的研究，进一步规范带电检测工作。

### 案例十九　110kV 组合电器套管外绝缘污秽发热检测分析

## 1　案例经过

某 220kV 变电站 110kV 组合电器型号为 ZF10－126（L），2009 年 12 月 25 日投运。2015 年 12 月 21 日试验人员在进行 110kV 招洛线 102 间隔设备停电例行试验，发现 110kV 高压设备室有异常声音，经查找异常声音来自 110kV 组合电器出线套管。随后用红外热像仪对所有 110kV 架空出线的线路套管进行红外精测，发现进线套管与底部法兰交界处存在发热现象，且均伴有放电声音。12 月 25 日，用紫外电晕成像仪和可视化超声波检测仪进行进一步检测、分析，确定套管底部法兰局部放电较为严重。经过连续五天跟踪检测，初步判定发热、放电与严重雾霾天气密切相关。变电运检人员制定隐患治理方案，1 月 7 日至 12 日，110kV 所有架空出线线路轮停，套管外绝缘进行 RTV 喷涂，更换法兰密封胶。治理后经红外和紫外带电检测复测正常，避免了出线套管污闪事件，出线套管如图 19－1 所示。

图 19－1　110kV 出线套管

## 2　检测分析

### 2.1　红外精确测温

2015 年 12 月 21 日试验人员在进行 110kV 招洛线 102 间隔设备例行试验时发现 110kV 高压设备室有异常声音，经查找异常声音来自 110kV 组合电器出线套管，随后用红外热像仪对 110kV 招洛线 102 间隔、110kV 招阎线 101 间隔、110kV 招莞宝线 112 间隔、110kV 招联莞线 108 间隔、110kV 招国安线 111 间隔等所有架空出线的线路套管进行红外精测。所有出线套管底部均有不同程度的发热现象，检测时该地区属雪后天气、重度雾霾，空气相对湿度 90%，环境温度 0.5℃。各出线间隔线路套管红外成像图谱如图 19-2～图 19-8 所示，各出线间隔线路套管底部法兰发热温度情况见表 19-1。

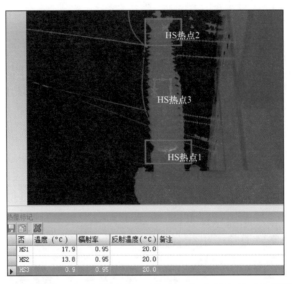

| 否 | 温度（°C） | 辐射率 | 反射温度（°C） | 备注 |
|---|---|---|---|---|
| HS1 | 17.9 | 0.95 | 20.0 | |
| HS2 | 13.8 | 0.95 | 20.0 | |
| HS3 | 0.9 | 0.95 | 20.0 | |

图 19-2　110kV 招阎线 101 间隔 A 相套管红外成像图谱

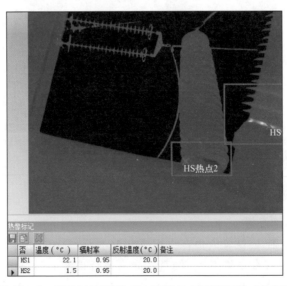

| 否 | 温度（°C） | 辐射率 | 反射温度（°C） | 备注 |
|---|---|---|---|---|
| HS1 | 22.1 | 0.95 | 20.0 | |
| HS2 | 1.5 | 0.95 | 20.0 | |

图 19-3　110kV 招阎线 101 间隔 B 相套管红外成像图谱

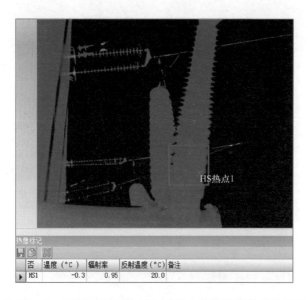

| 否 | 温度（℃） | 辐射率 | 反射温度（℃） | 备注 |
|---|---|---|---|---|
| HS1 | -0.3 | 0.95 | 20.0 | |

图 19-4　110kV 招洛线 102 间隔 A 相套管红外成像图谱

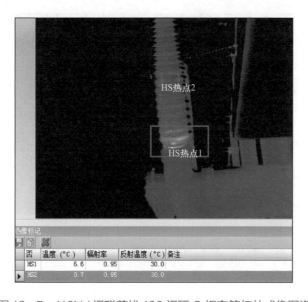

| 否 | 温度（℃） | 辐射率 | 反射温度（℃） | 备注 |
|---|---|---|---|---|
| HS1 | 6.6 | 0.95 | 30.0 | |
| HS2 | 0.7 | 0.95 | 30.0 | |

图 19-5　110kV 招联莞线 108 间隔 C 相套管红外成像图谱

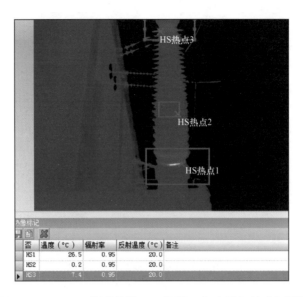

图 19-6　110kV 招联莞线 108 间隔 A 相套管红外成像图谱

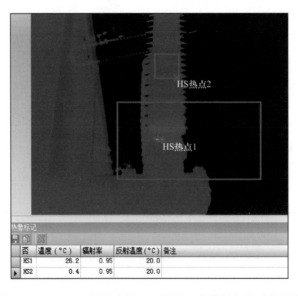

图 19-7　110kV 招国安线 111 间隔 A 相套管红外成像图谱

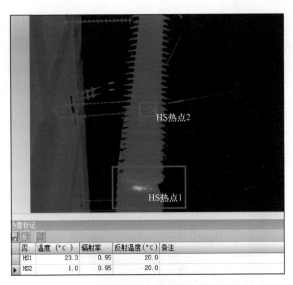

| 否 | 温度（℃） | 辐射率 | 反射温度（℃） | 备注 |
|---|---|---|---|---|
| HS1 | 23.3 | 0.95 | 20.0 | |
| HS2 | 1.0 | 0.95 | 20.0 | |

图 19－8　110kV 招莞宝线 112 间隔 A 相套管红外成像图谱

表 19－1　　　　　　　　　各间隔套管底部法兰发热温度

| 间隔名称 | 相别 | 温度（℃） |
|---|---|---|
| 110kV 招阆线 101 间隔 | A | 17.9 |
| | B | 22.1 |
| | C | 1.5 |
| 110kV 招洛线 102 间隔相套管 | A | −0.3 |
| | B | −0.3 |
| | C | −0.3 |
| 110kV 招联莞线 108 间隔相套管 | A | 26.5 |
| | B | 2.3 |
| | C | 6.6 |
| 110kV 招国安线 111 间隔 A 相套管 | A | 26.2 |
| | B | 3.0 |
| | C | 0.4 |
| 110kV 招莞宝线 112 间隔 A 相套管 | A | 23.3 |
| | B | 0.8 |
| | C | 10.3 |

　　分析以 110kV 招国安线 111 间隔 A 相套管为例，最高发热部位为套管底部法兰处，最高温度 26.2℃，正常点温度 0.4℃，温差 25.8K，热像呈现局部发热故障。

该部位铸铝法兰用胶合剂与瓷套浇注在一起，施工工艺要求高，很有可能因工艺不良造成局部场强过高，引起发热。根据 DL/T 664—2016《带电设备红外诊断应用规范》附录 B 电压致热型设备缺陷诊断判据：高压套管热像为对应部位呈现局部发热区故障，温差 2～3K，故障诊断为局部放电故障。用相机拍照可看出套管法兰密封胶合剂局部有放电灼伤痕迹，如图 19－9 所示。

图 19－9　110kV 招国安线 111 间隔套管可见光照片

### 2.2　紫外电晕成像检测

电气试验人员用型号为 ZF－S2 紫外电晕成像仪对出线套管进行检测。由图 19－10～图 19－14 可以看出，在增益为 140% 时，放电点呈爆破状，此时空气被电离，大分子反射辐射出大量紫外光子，且放电声音剧烈，放电较为严重。

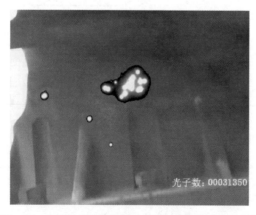

光子数：00031350

图 19－10　110kV 招莞宝线 112 间隔套管紫外成像图谱

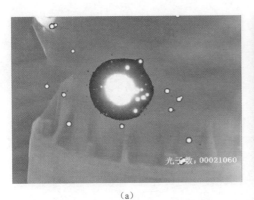
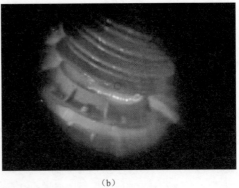

（a）　　　　　　　　　　　　　　（b）

图 19-11　110kV 招国安线 111 间隔套管白天、夜间紫外成像图谱

（a）白天；（b）夜间

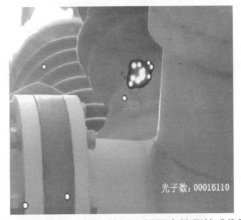

图 19-12　110kV 招阎线 101 间隔套管紫外成像图谱

图 19-13　110kV 招洛线 102 间隔套管紫外成像图谱

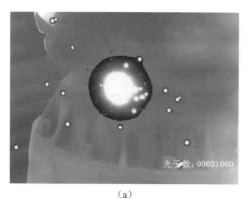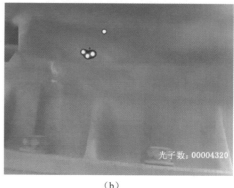

（a）

（b）

图 19-14　110kV 招联莞线 108 间隔套管早晨、中午紫外成像图谱

（a）早晨；（b）中午

　　紫外成像技术是通过观察设备的电晕及电弧，利用仪器接收电晕放电产生的紫外线信号，经处理后成像并与可见光图形叠加，达到确定电晕的位置（如导线断股、外绝缘污染、绝缘子裂纹、绝缘介质破坏等现象）和强度的目的。紫外线的波长范围是 40～400nm，紫外成像是与红外互补的一项检测技术，其特点易发现早期局部缺陷，提早预警，避免发展成缺陷。

　　通过分析紫外成像图谱，可进一步确定套管底部发热是由于该部位局部场强过大，造成局部放电从而引起发热。

## 2.3　可视化超声波检测

　　为了对放电严重程度有定量分析，使用可视化超声波局放检测仪型号为 LKS1000 V2，对放电部位进行超声波局放检测。发现套管底部有异常放电信号，超声波信号幅值范围为（19.6～33.1dB），超声波源最高值出现在底部法兰（33.1dB），与红外及紫外成像测试结果一致，超声波成像图谱如图 19-15、图 19-16 所示。

图 19-15　招莞宝线 112、招国安线 111 间隔套管超声成像图谱

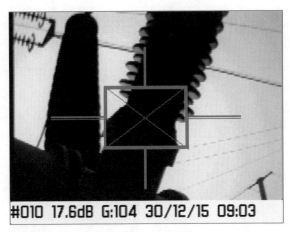

#010 17.6dB G:104 30/12/15 09:03

图 19-16　招阎线 101 间隔套管超声成像图谱

可视化超声检测原理为：电弧、电痕和电晕都会形成某种形式的电离而干扰其周围的空气分子，超声波局放测试仪通过检测这种现象产生的高频噪声，利用外差法将其编译成人耳可听的声音信号。通过仪器接收电气设备产生的超声波信号并对其音质和强度进行分析，把超声信号源与即时图像叠加，可以快速地检测局放现象并精确定位。可视化超声检测仪可以与红外检测技术互补，应用传统的红外成像技术虽可以发现肉眼所无法察及的热点现象，但是由于局放、电晕、电弧、电痕等现象并不一定伴随明显的温升，而这些现象却产生明显的超声噪声，可利用超声检测设备进行检测。

试验人员通过连续跟踪检测发现，早晨湿度越大、雾霾越严重，则套管发热温度、紫外成像光子数及可视化超声波局部放电量随之增加，晴天或中午温度升高、湿度降低后放电减轻甚至消失。变电运检和制造厂人员就此问题进行联合会诊，查阅投产前验收资料及交接试验报告均没有发现设备质量问题，投运后历次带电检测也未发现问题。该站建站时的污秽等级定为 c 级污区，套管防污等级选择 c 级，而随着经济快速发展，该站运行环境发生变化，按照当时污区等级设计制造的瓷套管已不能满足区域防污闪要求，且测试当天出现大雾，能见度不足 10m，并伴有严重雾霾。出线套管防污闪能力不足是引起放电和温升的主要原因，变电站周边在检测当天早晨的天气情况如图 19-17 所示，空气质量与相对湿度分布如图 19-18 所示。

经查阅资料并分析，雾霾对绝缘子运行影响主要有三方面。

（1）雾霾对绝缘子表面污秽度的影响。

雾霾中的 $SO_2$、$NO_x$、高浓度颗粒物以及有机碳氢化合悬浮污染物在静稳空气中产生化学反应，转变成大的粒子，在水平方向上由于风的作用而积聚在绝缘子表面，形成沉降。相关实验表明，雾霾天气的发生在数十小时内可以使绝缘子表面的污秽度明显增加。雾霾的脏污程度不同，对绝缘子表面污秽度增加的影响也不同，随着污染程度的加重，单位时间内的积污量逐步增加。

图 19-17　变电站周边在检测当天早晨的天气情况

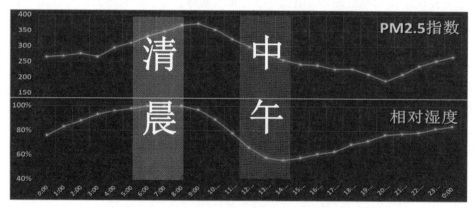

图 19-18　检测当天空气质量指数与相对湿度分布图

（2）雾霾对绝缘子表面湿润度的影响。

通常情况下，纯粹的干污秽对绝缘子表面闪络电压的影响不大。但雾中的水分湿沉降在绝缘子表面的污秽时，绝缘子表面污层会均匀缓慢地受潮，污秽中可溶性盐离子会溶解在水分中，提高了绝缘子表面电导率。

（3）雾霾对绝缘子污闪电压的影响。

在雾霾天气下，大气中含有的大量微粒（如 PM2.5、PM10 等）会严重畸变绝缘子片间气隙的电场，使得空气间隙的击穿场强大大降低，就增大了绝缘子片间空气间隙击穿的可能性，从而降低了其放电电压。

该变电站 110kV 出线套管放电发热初步判断为雾霾天气严重畸变绝缘子片间及空间气隙的电场，雾霾伴随空气高湿度引起绝缘子表面潮湿受污，防污等级加大且未喷涂防污材料，导致套管局部特别是法兰处场强过高，空气电离引起放电和发热。

## 3　处理过程

2016 年 1 月 7 日、1 月 8 日、1 月 12 日 110kV 招莞宝线、招联莞线、招国安线分别停电，对套管外观进行检查，发现套管上下部法兰密封胶有明显裂纹，发热部位也呈现较为严重的电腐蚀，部分密封胶已脱落，如图 19-19、图 19-20所示。

图 19-19　底部法兰密封胶裂纹

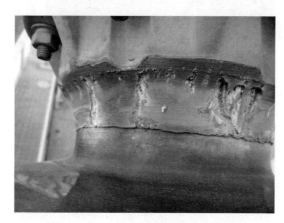

图 19-20　底部法兰密封胶电腐蚀

检修人员更换了套管底部法兰密封胶，并喷涂 RTV 长效防污闪涂料，如图 19-21所示。

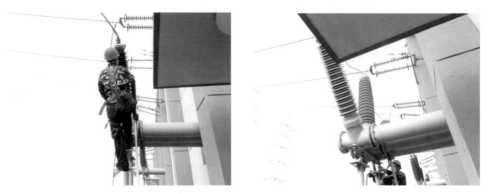

图 19-21　套管喷涂 RTV 长效防污闪涂料

喷涂 RTV 长效防污闪涂料后，电气试验人员在雾霾天进行复测，发热及放电现象消失，红外图谱复测如图 19-22 所示。

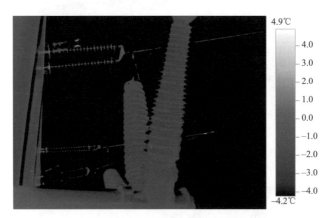

图 19-22　套管复测红外图谱

## 4　经验体会

（1）瓷绝缘子和玻璃绝缘子均属于无机材质，其特点是耐老化性、机械性能好，但其表面容易积污、具有亲水性，应涂 RTV 防污闪涂料。

（2）套管局部放电引起发热大都由于外绝缘设计不合理或安装、施工工艺不良造成，在交接试验中难以发现隐患，应加强设计阶段变电站污秽等级论证和预测。

（3）随着工业企业发展，部分地区环境污染不断加剧，特别是雾霾天气出现，影响着变电设备的运行。应对变电站运行环境特别是所处污秽等级进行动态评估，避免绝缘强度不够造成事故。

# 第三篇 组合电器漏气检测异常典型案例

## 案例二十　220kV 组合电器壳体砂眼漏气红外检测分析

### 1　案例经过

某 220kV 变电站 220kV 组合电器鲍益Ⅱ线于 2015 年 4 月投运，型号为 ZF11-252（L）。2015 年 12 月 29 日，电气试验人员在对该站组合电器进行带电测试，在使用 $SF_6$ 红外热像检漏仪对 220kV 组合电器的检测过程中，发现 220kV 鲍益Ⅱ线 212-2 隔离开关 A 相分子筛密封罩壳体上有烟雾状气体向大气成股喷出，气流较大，在高灵敏度检测模式下清晰可见。经过反复测量，确认为 220kV 鲍益Ⅱ线 212-2 隔离开关 A 相分子筛密封罩壳体上有砂眼漏气现象。

### 2　检测分析

2015 年 12 月 29 日，电气试验人员对变电站进行组合电器带电检测。在 220kV 鲍益Ⅱ线 212-2 隔离开关进行 $SF_6$ 红外热像检漏时，发现试验仪器屏幕显示有烟雾状气体向大气成股喷出，气流较大，在高灵敏度检测模式下清晰可见。检测人员通过变换测试角度、背景，改变测试模式（普通/高灵敏），对漏点进行精确定位，最终确定该漏气点位于 A 相分子筛密封罩壳体上，具体位置及红外图谱见表20-1，该间隔其他部位未检测到异常。

经确认，该气室在以往测试中，$SF_6$ 气体湿度及分解物检测结果均正常，现场实测微水和分解物也均正常，见表 20-2。

检测人员经多次测量对比，确认测量结果无误，经询问运维人员确认该隔离开关气室压力一直呈降低趋势（现场查看该气室压力为 0.47MPa，正常气室压力为 0.50MPa），随即将情况详细记录并上报。

表 20-1　　　　　　　　　　$SF_6$ 红外检漏具体位置及图谱

| 间　隔 | 位　置 |
|---|---|
| 220kV 鲍益Ⅱ线 212 间隔 | 212-2 隔离开关 A 相分子筛密封罩壳体砂眼 |
| 红外图谱 | 可见光照片 |

续表

| 间　　隔 | 位　　置 |
|---|---|
| 视频文件截图 | |

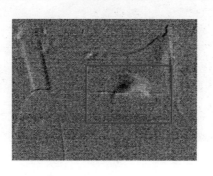

表 20-2　　　　　　220kV 鲍益 Ⅱ 线 212-2 隔离开关气室
微水和分解物检测数据

| 试验时间 | 气室压力（MPa） | 微水值（μL/L） | H₂S（μL/L） | SO₂（μL/L） | CO（μL/L） |
|---|---|---|---|---|---|
| 2015.12.29 | 0.40 | 71 | 0 | 0 | 10.8 |
| 2015.3.25 | 0.44 | 76 | 0 | 0 | 11.2 |

## 3　隐患处理情况

2016 年 4 月 6 日，变电检修人员与某电科院材料室技术人员一起对 220kV 组合电器鲍益 Ⅱ 线 212-2 隔离开关分子筛保护罩进行带电堵漏工作。技术人员现场检查发现漏气在分子筛保护罩位置，存在多处孔型缺陷。在不影响组合电器设备正常运行情况下，开展带电带压堵漏具有极高的技术难度，尤其是孔型缺陷在封堵过程中短时间内即可形成极高的内压造成封堵失败，前期曾多次联系厂家和相关企业进行处理均未能成功。本次通过现场采用先进的相控阵技术检测缺陷情况，了解漏气缺陷分布和形态，充分掌握设备漏气情况后在实验室开展了模拟试验。本次缺陷处理突破常规，采用预埋刚性约束装置的方式，对漏点进行封堵并一举成功。堵漏现场实物照片如图 20-1 所示。

随后，电气试验班对处理后的气室进行红外检漏，没有再发现漏气现象，堵漏成功。

图 20-1　堵漏现场实物照片

## 4　经验体会

（1）SF$_6$ 气体红外热像检漏工作可以准确发现充气式设备的漏气问题，应重点检查各密封连接处。

（2）气室压力的变化、设备历次补气记录是发现设备是否漏气的重要依据，在平时工作中要注意对气室压力、补气时间的记录，及时分析查找压力降低、补气过频的气室，从而进行针对性检漏和补漏。

（3）红外检漏需要有微风吹动泄漏的 SF$_6$ 气体才能更准确地发现漏气。针对部分室内组合电器的检测弊端，建议在室外风力较大时打开组合电器室的门窗，尽量增大室内空气流动的速度，以方便检测。

## 案例二十一 220kV 组合电器隔离开关气室压力表连接螺栓处漏气检测分析

### 1 案例经过

某 500kV 变电站 220kV 组合电器 4 号主变（待用 IV）间隔型号为 ZF11-252（L），2006 年 5 月投运，2015 年 5 月曾对该间隔进行整体大修。该间隔 3 气室额定压力 0.5MPa，低压报警压力 0.42MPa。

2015 年 12 月 9 日，运维人员对 500kV 变电站 220kV 组合电器 4 号主变（待用 IV）间隔例行巡视，发现该间隔 204-2 隔离开关气室压力为 0.475MPa，低于额定压力 0.5MPa。试验人员对该气室用 $SF_6$ 常规检漏仪（型号为 TIF XP-1A）进行带电检测，未发现明显漏点，考虑组合电器气压受冬季低温影响且气室气压高于气室报警压力，采取加强监视措施。

为确保春节不停电，变电检修人员于 2016 年 1 月 29 日对 4 号主变 220kV 侧（待用 IV）间隔 204-2 隔离开关气室补气，将气室压力提升至 052MPa。然而在 2016 年 3 月 31 日运维人员再次例行巡视中，发现该隔离开关气室压力降至 0.50MPa，表明存在漏气现象。

为查清设备漏点，班试验人员于 2016 年 4 月 1 日对该气室用红外检漏仪（型号为 FLIR GF306）和 $SF_6$ 常规检漏仪（型号为 TIF XP-1A）再次进行带电检漏，经过仔细检查，发现（待用 IV）间隔 204-2 隔离开关气室压力表连接螺栓处存在漏气现象，漏气情况轻微（见图 21-1）。将常规检漏仪放至在漏点处，检漏仪报警，手持检漏仪掠过漏点时，检漏仪不报警。

 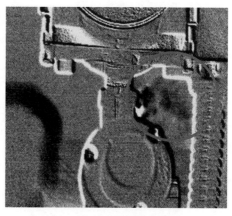

图 21-1　红外检漏漏点图像 1　　　　图 21-2　红外检漏漏点图像 2

检漏人员随即对压力表的连接螺栓进行紧固，再次进行检漏发现缺陷消除，对设备其他位置检漏未发现漏点。在 4 月的例行巡视中，该气室压力一直维持在 0.50MPa 无变化，说明该气室漏气由压力表螺栓连接引起，螺栓紧固后缺陷消除。

## 2　检测分析

2016 年 4 月 1 日，试验人员利用 SF$_6$ 常规检漏仪（型号为 TIF XP－1A）、红外检漏仪（型号为 FLIR GF306）分别对 500kV 变电站 220kV 组合电器 4 号主变（待用 IV）间隔进行带电检漏，相关试验信息和检漏情况见表 21－1。

表 21－1　　　　　4 号主变（待用 IV）间隔带电检漏试验信息表

| 试验信息 | |
| --- | --- |
| 试验人员 | 焦××、林××、张×× |
| 试验仪器 | SF$_6$ 常规检漏仪（TIF XP－1A、SF$_6$）、红外检漏仪（FLIR GF306） |
| 检测时间 | 2016 年 4 月 1 日　14:00 |
| 测试环境 | 温度：20℃；相对湿度：50%；微风 |
| 位置 | 4 号主变 220kV 侧（待用 IV）间隔 |

| 试验结果 | |
| --- | --- |
| SF$_6$ 常规检漏仪（型号：TIF XP－1A） | 红外检漏仪（型号：FLIR GF306） |
| 检测过程 | 检漏人员利用常规检漏仪对待用 IV 间隔内所有外壳连接处及密度继电器管路连接处检查，初次检查未检测出漏点。待用红外检漏仪检出漏点后验证性检查时发现待用 IV 间隔 204－2 隔离开关气室压力表连接螺栓处漏气 | 检漏人员利用红外检漏仪对待用 IV 间隔内所有外壳连接处及密度继电器管路连接处检查，在检查至待用 IV 间隔 204－2 隔离开关气室压力表连接螺栓时，发现气体挥发扩散的清晰图像，即 SF$_6$ 气体泄漏。用该检漏仪检查该间隔其他位置，未发现漏点 |
| 检测结论 | 待用 IV 间隔 204－2 隔离开关气室压力表连接螺栓处漏气 | 待用 IV 间隔 204－2 隔离开关气室压力表连接螺栓处漏气 |

## 3　结论

（1）220kV 组合电器 4 号主变（待用 IV）间隔 204－2 隔离开关气室漏气由压力表螺栓连接引起，存在安全隐患，威胁 220kV 组合电器设备的安全运行。

（2）通过对压力表连接螺栓进行紧固消除缺陷，推断设备漏气由于压力表安装调试时螺栓紧固不到位，同时紧固点漏气轻微，导致历次检测未及时发现。

（3）红外检漏仪较常规检漏仪具有更高的灵敏度和更好的环境适应性，能够在微风环境中检测出常规检漏仪无法检测出的组合电器设备轻微漏气。

## 案例二十二　110kV 组合电器盆式绝缘子紧固不良红外检漏分析

### 1　案例经过

某 220kV 变电站 110kV 组合电器型号为 ZF10A-126GCB，2009 年 6 月投运。2016 年 2 月 13 日，运行人员在对 110kV 组合电器进行巡视时，发现 1 号变压器 101-2 隔离开关气室压力为 0.48MPa，低于额定压力 0.55MPa，根据两次补气时间间隔，利用压力降法计算 1 号变压器 101-2 隔离开关年漏气率为 65.5%，远大于规程中"年漏气率不大于 1%"的要求。检修人员使用 $SF_6$ 气体红外成像仪进行检漏，发现该气室与母线气室之间盆式绝缘子的压接螺栓处存在 3 个漏气点，随后校紧固定螺栓并带电补气，漏气缺陷得到处理。

### 2　检测分析

检测发现，110kV 组合电器 1 号变压器 101-2 隔离开关气室波纹管连接法兰位置漏气，漏气点位置如图 22-1 所示，检漏红外视频截图如图 22-2 所示。

图 22-1　110kV 组合电器 1 号变压器 101-2
隔离开关气室漏气点可见光位置示意图

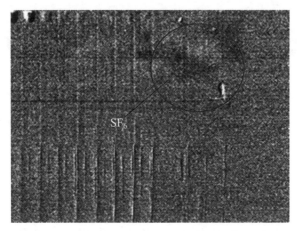

图 22-2　110kV 组合电器 1 号变压器 101-2 隔离开关气室漏气点红外视频截图

## 3　隐患处理情况

2016 年 2 月 15 日，检修人员对组合电器漏气气室进行了带电补气。

综上检测和处理情况，分析造成此次漏气的原因：红外检漏视频显示，110kV 组合电器 1 号变压器 101-2 隔离开关气室漏气均呈团雾状，速度较慢，但漏气范围较大，集中在筒壁的 3 个螺栓之间，对比可见光照片，初步判断漏气为波纹管法兰与母线连接处密封胶圈压接不严密或密封胶圈老化所致。

## 4　经验体会

（1）组合电器法兰盘连接部位受到内部应力和振动力作用，随着运行年限的增加，密封圈容易老化破损或者热胀冷缩产生应力破损。由于该型号组合电器隔离开关气室为非紧凑型结构，内部绝缘安全裕度较大，隔离开关气室对 $SF_6$ 气体压力要求不高，即使压力报警，正常情况下仍能坚持运行一段时间。

（2）在组合电器漏气的同时，水分会侵入到气室内部，若吸附剂失效会导致 $SF_6$ 气体湿度增加，严重降低组合电器的绝缘性能。缺陷处理前，应定期开展微水带电检测，检测周期宜每月一次，避免气体泄漏导致设备绝缘水平降低。

（3）运行人员在日常巡视时应认真记录每个气室气压，定期对比气室压力变化，一旦发现某个气室气压有降低，可使用 $SF_6$ 红外成像仪等检测手段寻找漏气点。

## 案例二十三　220kV 组合电器出线套管盆式绝缘子漏气检测处理

### 1　案例经过

某 500kV 变电站 220kV 组合电器产品型号为 ZF6A-252，非断路器气室额定压力为 0.5MPa，生产日期 2007 年 7 月，2008 年 5 月投运。

2015 年 11 月 1 日，根据上级隐患排查要求，工作人员对组合电器进行带电测试，在进行组合电器气室红外检漏中发现 220kV 组合电器 2 号主变出线套管气室存在 $SF_6$ 气体泄漏现象，出线套管气室 C 相盆式绝缘子上有泄漏点，泄漏速度较为缓慢，漏气位置成像图谱如图 23-1 所示。后续严密关注气室压力变化，在气室压力低于 0.48MPa 时进行带电充气，以保证设备的可靠运行，在 2015 年 11 月结合 2 号主变停电对缺陷进行了处理。

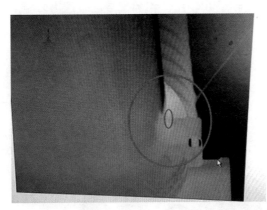

图 23-1　220kV 组合电器 2 号主变出线套管气室漏气位置

### 2　检测分析方法

2015 年 11 月 1 日，使用 FLIR 红外检漏仪对 220kV 组合电器 2 号主变出线套管气室进行红外检漏，发现出线套管气室 C 相盆式绝缘子上有泄漏点。泄漏图像如图 23-2 所示。

类似组合电器气室泄漏缺陷会造成气室压力降低，外部水分侵入，导致气室内 $SF_6$ 气体绝缘性能下降，可能发生导体对外壳放电，使 2 号主变跳闸，降低电网运行的可靠性。

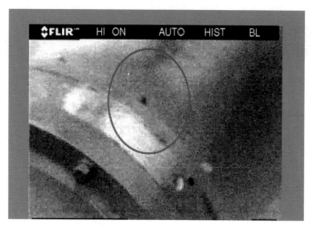

图 23-2  220kV 组合电器 2 号主变出线套管盆式绝缘子漏气图像

## 3  隐患处理情况

2015 年 11 月 15 日，停电对 2 号主变 220kV 侧出线套管气室进行处理，对出线套管气室进行气体回收至 0 表压，相邻气室回收压力降至 0.2MPa，拆卸出线套管引线，将密封盆式绝缘子处打开。对密封面进行认真检查，发现漏气位置处有进水痕迹，O 形密封圈表面有两处细微老化现象，密封圈下部有一长 43mm 老化带，左下部有一长 25mm 老化带，用手按压密封圈有发黏现象，如图 23-3 所示。

（a）

（b）

图 23-3  出线套管检查情况

（a）出线套管泄漏点打开情况；（b）密封圈老化情况

具体处理步骤如下：

（1）对法兰对接界面进行打磨、清理，更换新式 O 形密封圈恢复出线套管连接。

（2）将组合电器气室抽真空至 133Pa，维持 5h，关闭阀门；半小时后压力回升至 146Pa，符合气室抽真空要求；对气室进行充气，静置 24h 后测量气室微水为 88μL/L，符合标准。

（3）对已处理 C 相出线套管进行直流电阻测量，电阻 177μΩ，测量相同长度 A 相为 181μΩ，该出线套管组合电器内导体插接良好。

（4）对出线套管主变进线处至 202－3 隔离开关部分进行耐压试验，加压至 346kV，1min 耐压合格，该套管可以投运。

## 4　经验体会

（1）本次隐患的发现始于组合电器带电检测。因此，加强对设备不停电的状态监测有助于发现设备隐患，对于发现的任何小问题都要本着不放过的态度进行认真分析，才能及时发现、消除隐患。

（2）因为对气室进行漏气处理时需要对导体进行拆装，所以在进行气体水分含量测量同时要进行直流电阻测量和耐压试验，以对组合电器内部导体的插接情况和绝缘进行测试。

（3）气室泄漏严重影响设备的安全，直接造成设备气室压力下降，导致气体绝缘能力下降，会造成气室内放电跳闸事故，因此对气室的带电检漏是带电检测的一项重要工作。

## 案例二十四 220kV 组合电器母线 TA 气室罐体砂眼漏气检测分析

### 1 案例经过

2015 年 09 月 29 日，变电运维人员在对某 500kV 变电站的组合电器进行带电检测过程中，发现 220kV 母联 Ⅱ 200B 断路器 A 相 TA 气室有漏气迹象。

2015 年 10 月 7 日，变电检修人员对该变电站 220kV 组合电器开展 SF₆ 红外检漏确认，发现 220kV 母联 Ⅱ 200B 间隔 A 相断路器气室 Ⅱ 母线侧 TA 罐体处有烟雾状气体成股喷出，经确认为该 TA 罐体存在砂眼而漏气。

2015 年 10 月 31 日，申请停电检修。检修人员使用堵漏胶对砂眼漏气部位进行封堵。处理后进行复测，漏气现象消失。

### 2 检测分析

2015 年 10 月 7 日，变电运维人员在对某变电站 220kV 组合电器开展 $SF_6$ 红外检漏时，发现 220kV 母联 Ⅱ 200B 间隔 A 相断路器气室 Ⅱ 母侧 TA 罐体处有烟雾状气体向大气成股喷出，漏气图谱如图 24－1 所示。

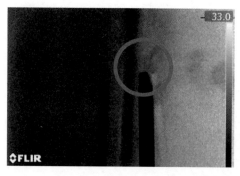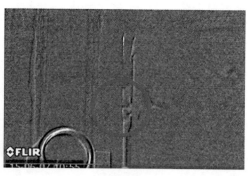

图 24－1　220kV 母联 Ⅱ 200B 开关 A 相 TA 漏气图谱

### 3 原因分析

测试人员通过变换测试角度、背景，改变测试模式（普通/高灵敏），对漏点进行精确定位，最终发现该漏气点位于 220kV 母联 Ⅱ 200B 间隔 A 相断路器气室 Ⅱ 母侧 TA 罐体砂眼处。初步分析漏气原因为产品质量问题，罐体制造工艺不良存在砂眼，出厂密封试验把关不严导致运行后漏气。

检测人员采用 ZX-1 型 $SF_6$ 定性检漏仪对红外检漏仪确定的漏点进行检测，检漏仪发出报警信号，确认该气室 Ⅱ 母侧 TA 罐体砂眼存在漏点。在检测过程中发现 220kV 母联 Ⅱ 200B 断路器 A 相气室压力为 0.62MPa，较其他气室明显偏低（气室压力 0.64MPa），根据 GB/T 11023—2018《高压开关设备六氟化硫气体密封试验方法》中压力降计算法，计算该设备年漏气率约为 1.5%。

## 4 结论

现场检查确认 220kV 母联 Ⅱ 200B 间隔 Ⅱ 母侧 TA 罐体砂眼有漏气点，漏气率约 1.5%，漏气量较大，远大于 GB/T 8905—2012《六氟化硫电气设备中气体管理和检测导则》以及 Q/GDW 471—2010《运行电气设备中 $SF_6$ 气体质量监督与管理规定》中规定的 0.5%的年漏气率。应尽快进行带压封堵或停电处理，处理前加强跟踪检测，并及时补气。

## 5 处理过程

2015 年 10 月 31 日，检修人员对该气室缺陷部位进行带电堵漏，将漏气部位擦拭干净后，对砂眼两侧进行击打挤压，然后用特制堵漏胶对其进行封堵。堵漏完成后，再次进行红外检漏，未发现漏气现象。

## 案例二十五 220kV 组合电器密度继电器阀座漏气检测分析

### 1 案例经过

2015 年 12 月 17 日，电气试验人员应用红外检漏仪对某 220kV 变电站组合电器气室进行检测，发现 220kV 龙志Ⅱ线 216 间隔 MDJ5 气室存在 $SF_6$ 泄漏现象，但泄漏情况并不严重。2016 年 1 月 8 日，检修人员到现场对漏气处进行消缺，发现 $SF_6$ 渗漏点在密度继电器充气接头处，漏气原因是密度继电器阀座对密封圈挤压，造成密封圈变形，带电更换该密度继电器阀座和密封圈，缺陷得以消除。

### 2 检测分析

#### 2.1 检测基本信息

检测基本信息，见表 25 – 1。

表 25–1 检 测 基 本 信 息

| 1. 检测时间、人员 | | | |
|---|---|---|---|
| 测试时间 | 2015 年 12 月 17 日 | 测试人员 | 焦××、王××、高×× |
| 2. 测试环境 | | | |
| 环境温度 | 5℃ | 环境相对湿度 | 50% |
| 3. 仪器信息 | | | |
| 仪器 1 | 红外检漏仪 | 生产厂家 | FLIR 公司 |
| 4. 被检测设备基本信息 | | | |
| 生产厂家 | 某高压开关有限公司 | 型号 | ZFW20 – 252/DS |
| 生产日期 | 2013 年 10 月 3 日 | 投运日期 | 2015 年 2 月 7 日 |

#### 2.2 红外检漏检测

2015 年 12 月 17 日，电气试验人员使用便携式 $SF_6$ 检漏仪对某 220kV 变电站组合电器气室进行测试，在测试 220kV 龙志Ⅱ线 216 间隔 MDJ5 气室（216 – 3 隔离开关）连接法兰、动密封、罐体等部位的过程中（见图 25 – 1），发现在密度继电器充气接头处存在渗漏现象，$SF_6$ 红外检漏如图 25 – 2 所示，红圈处为泄漏出的"黑色" $SF_6$ 气体。从图片上可以看出黑色点状物较多。

图 25-1　MDJ5 气室密度表照片

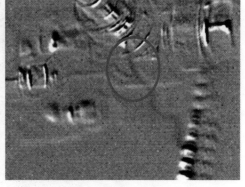

图 25-2　红外检漏仪图像

由于泄漏情况并不严重，压力也并没有达到报警值，当时在现场并没有对该气室进行检修处理。

## 3　隐患处理情况

2016 年 1 月 8 日，检修人员对该气室进行检修。在拆卸阀座和密封圈过程中，发现漏气具体位置在充气接头与阀座接合处，如图 25-3 所示，图中红色圆圈所标注为 $SF_6$ 气体泄漏位置。

从图 25-4 可以清楚地看到，充气阀座的 O 形密封圈已明显变形，充气阀座挤压到密封圈，严重破坏了密封结构，造成气室漏气。随后检修人员采取不停电方式，更换该阀座和新的密封圈，更换后的阀座和新的密封圈如图 25-5 所示。

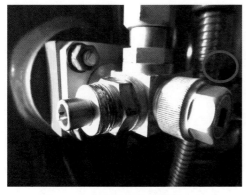

图 25-3　密度表充气接头与阀座

图 25-4　损坏的阀座

图 25-5　更换后的密度继电器

充气阀与密封圈更换完毕后，电气试验人员对更换后的气室进行了 $SF_6$ 红外检漏，未见异常。

## 4　经验体会

（1）组合电器气室 $SF_6$ 气体泄漏若不能及时发现，会造成气室压力降低，闭锁保护装置，严重时会导致组合电器设备绝缘强度降低，使组合电器设备发生绝缘击穿或跳闸事故。

（2）利用红外线 $SF_6$ 气体检漏仪，现场没有检测死角，仪器易于携带、检测图像直观清晰，能在设备不停电的情况下检测漏点。

（3）检修人员对组合电器设备进行检漏，若发现密度继电器压力下降，应仔细检查漏气原因，及时发现问题的症结所在。在确定漏气速度满足运行要求的前提下，制订解决方案，以免造成工作被动。

（4）充气阀体所用铝材未达到应有的机械强度，施工人员未按标准对该部位进行紧固、使用的扭力过大，是造成本次气体泄漏的主要原因。

## 案例二十六 110kV 组合电器盆式绝缘子紧固不良红外检测分析

### 1 案例经过

某 220kV 变电站 110kV 组合电器组合电器型号为 ZF12－126（L），2006 年 7 月出厂并投运。

2016 年 1 月 23 日至 25 日，110kV 组合电器联络线 112－1 隔离开关气室 $SF_6$ 气体压力由额定压力 0.45MPa 降至报警压力 0.35MPa，利用压力降法计算 112－1 隔离开关气室年漏气率为 819.6%，远大于规程中"年漏气率不大于 1%"的要求。检修人员使用 $SF_6$ 气体红外成像仪进行检漏，发现 110kV 联络线 112－1 隔离开关气室与母线气室之间盆式绝缘子的压接螺栓处存在 3 个漏气点。

### 2 检测分析方法

2016 年 1 月 23 日，变电站所在地区遭遇极寒天气，为保障电网设备安全运行，运行人员开展了专项巡视，在巡检过程中发现，该变电站 110kV 组合电器联络线 112－1 隔离开关气室压力有明显降低，遂对该气室每隔 6～12h 巡视并记录一次气室压力，气室压力变化情况见表 26－1。

表 26－1　　110kV 联络线 112－1 隔离开关气室压力记录表

| 序号 | 记录日期 | 记录时间 | 气室压力（MPa） | 备注 |
|---|---|---|---|---|
| 1 | 2016.1.18 | 09:00 | 0.460 | 正常巡视 |
| 2 | 2016.1.23 | 09:30 | 0.440 | 恶劣天气特巡 |
| 3 | 2016.1.23 | 12:00 | 0.438 | 恶劣天气特巡 |
| 4 | 2016.1.23 | 18:00 | 0.438 | 恶劣天气特巡 |
| 5 | 2016.1.24 | 00:00 | 0.416 | 恶劣天气特巡 |
| 6 | 2016.1.24 | 06:00 | 0.396 | 恶劣天气特巡 |
| 7 | 2016.1.24 | 12:00 | 0.390 | 恶劣天气特巡 |
| 8 | 2016.1.24 | 18:00 | 0.390 | 恶劣天气特巡 |
| 9 | 2016.1.25 | 00:00 | 0.375 | 恶劣天气特巡 |
| 10 | 2016.1.25 | 06:00 | 0.363 | 恶劣天气特巡 |
| 11 | 2016.1.25 | 12:00 | 0.358 | 恶劣天气特巡 |

　　1月24日14时，检修人员对该气室进行红外检漏却未发现漏点，1月25日9时30分，检修人员进行复测，发现110kV联络线112-1隔离开关气室与母线气室之间盆式绝缘子的压接螺栓处存在3个漏气点，漏点位置见图26-1，红外视频截图如26-2所示。

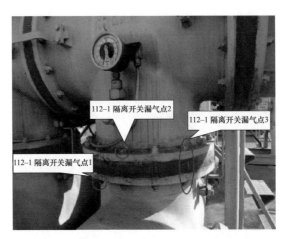

图 26-1　110kV 联络线 112-1 隔离开关气室漏气点可见光位置图

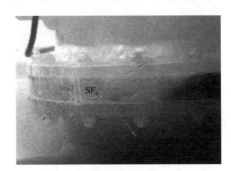

图 26-2　112-1 隔离开关气室漏气点红外视频截图

　　根据表 26-1 数据，利用压力降法计算 112-1 隔离开关气室的年漏气率为819.6%，远大于规程中"年漏气率不大于1%"的要求。仔细分析表 26-1 数据并查阅历史补气记录，可以发现该气室补气记录均在每年温度最低的月份，而 1 月24 日至 26 日间，气室压力下降最快时段为当天 18 时至次日 6 时，其次为当天 6时至 12 时，当天 12 时至 18 时的气室压力基本没有降低。由此可推断，气室漏气速率与环境温度有明显联系，当环境温度较高时，图 26-1 中螺栓压接处的密封件与壳体之间能够紧密连接，没有缝隙；当环境温度大幅降低时，螺栓压接处的密封件与壳体之间由于冷缩作用，产生缝隙并造成密封不严而导致气体泄漏。这也是检修人员第一次检测未能发现漏点的原因所在。

## 3 隐患处理情况

该变电站 110kV 组合电器于 2006 年投运，已运行多年，彻底处理泄漏部位需要将 IA 母线停电并将 112 间隔完全解体，工作量大、对供电可靠性影响也较大。综合考虑后，决定对该设备进行带电补气和带电堵漏。

1 月 28 日，检修人员对漏气气室进行了带电补气。

## 4 经验体会

（1）110kV 联络线 112 - 1 隔离开关气室漏气是由极冷天气导致，气温回升后漏气现象消失，导致气室漏气呈现间歇性。遇此情况应多次反复检测，以发现漏气规律特征。

（2）组合电器漏气的同时，水分会侵入到气室内部，若吸湿剂失效会导致 $SF_6$ 气体湿度的增加，严重降低组合电器的绝缘性能，应结合经济效益与设备可靠性等综合考虑，决定是否对其进行停电处理。在此之前，应对其定期开展微水带电检测，检测周期为每月一次，避免气体泄漏导致设备绝缘水平降低。

（3）运行人员在日常巡视时应认真记录每个气室气压，定期对比气室压力变化。一旦发现某个气室气压有降低，可使用 $SF_6$ 红外成像仪等检测手段寻找漏气点，及时进行处理。

# 第四篇 组合电器其他检测异常典型案例

 **案例二十七** 110kV 组合电器隔离开关气室微
水超标检测分析

## 1 案例经过

2016 年 4 月 13 日，变电检修人员对某变电站 110kV 组合电器 3 号主变及两侧
设备进行例行试验，在对 110kV 侧组合电器进行微水测试时，发现 6613 - 1 隔离
开关气室微水超标。查阅历史记录，发现微水含量呈现增大趋势，对该气室进行
分解物测试，发现分解物中无 $SO_2$ 和 $H_2S$，但含有 $CO_2$ 和 $H_2$，判断该组合电器
气室内尚未出现高能放电，但存在受潮或者固体绝缘析出潮气。分析微水超标可
能与内置的电缆头受潮有关，为避免运行中绝缘击穿，变电检修人员对该组合电
器降压抽真空，注入新的 $SF_6$ 气体。对换气后的气室进行微水测试和分解物测试，
均恢复正常，并跟踪测试微水合格，避免了组合电器因微水超标而导致的绝缘击
穿事故。

## 2 检测分析

### 2.1 气体湿度检测

2016 年 4 月 13 日，试验人员按照 Q/GDW 1168—2013《输变电设备状态检修
试验规程》对 110kV 组合电器 3 号主变 6613 - 1 隔离开关气室进行 $SF_6$ 气体湿度检
测，测得 $SF_6$ 气体湿度为 701μL/L，仪器测试界面如图 27 - 1 所示。

Q/GDW 1168—2013《输变电设备状态检修试验规程》要求，运行中隔离开关、
互感器等无电弧分解物隔室的微水含量不大于 500μL/L，而测试结果为 701μL/L，
超出规程要求。查阅历史记录，发现上次微水测试值为 150μL/L，微水含量出现明
显增长，初步判断 6613 - 1 隔离开关气室存在受潮缺陷。

### 2.2 $SF_6$ 气体成分分析

为检查 $SF_6$ 气体质量是否存在问题，对该气室进行 $SF_6$ 气体成分进行分析，测
试 CO、$SO_2$、$H_2S$、$H_2$、HF 的含量，测试结果如图 27 - 2 所示。

其中，$SO_2$、$H_2S$ 和 HF 气体组分含量均为 0μL/L，说明组合电器内部无高能放
电，但检测出 CO 和 $H_2$ 杂质，其含量分别为 24.5μL/L 和 16.8μL/L，说明气室存在
受潮现象，由于该气室为电缆头结合处，怀疑电缆头受潮分解导致微水超标和分解
物中含有 CO 和 $H_2$。

图27-1 6613-1隔离开关气室
微水测试结果

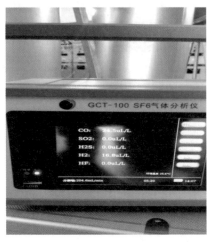

图27-2 6613-1隔离开关气室气体
成分测试结果

## 3 隐患处理情况

变电检修人员置换了6613-1气室的$SF_6$气体，即对该6613-1气室和相邻气室降压，对6613-1隔离开关气室抽真空并注入新的$SF_6$气体至合适压力，相邻气室充气恢复至合适压力。6613-1隔离开关气室换气如图27-3所示。

图27-3 检修人员在对6613-1隔离开关气室换气

充气后静置48h，设备投运前，对换气后的气室进行微水测试和分解物测试，如图27-4所示。可以看出微水含量为200μL/L，符合Q/GDW 1168—2013《输变电设备状态检修试验规程》中要求的新充气后的无电弧分解物隔室的微水含量不大于 250μL/L，测试 $CO$、$SO_2$、$H_2S$、$H_2$、$HF$ 的含量均为 0μL/L，后续跟踪检测微水含量、分解物含量均未发现异常。

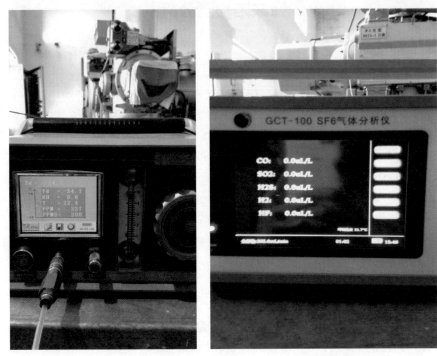

图 27-4　新充气后 6613-1 隔离开关气室微水和气体成分测试结果

## 4　经验体会

（1）组合电器厂家产品众多，运行时间有长有短，长期运行状态下含电缆头的组合电器受外界环境影响较大，电缆头受潮会引起组合电器气室的微水超标。如不及时发现并处理，将会严重威胁电网的安全稳定运行。

（2）在状态检修背景下，应严格按照检修周期对组合电器进行测试，并确保试验数据的真实性和准确性，以便及时发现组合电器微水超标、内部放电等缺陷。

（3）微水超标说明 $SF_6$ 气体存在质量问题，可进行气体成分分析，这对判断组合电器微水是否超标和查找原因有很大帮助。

（4）运行中的 $SF_6$ 设备，若分解物测试无 $SO_2$ 或 $H_2S$ 等杂质组分，而 $CO$、$H_2$ 组分异常时，应考虑其微水是否由固体绝缘析出，含有电缆头的组合电器气室微水超标是否源自电缆头受潮。若检出 $SO_2$ 或 $H_2S$ 等杂质组分含量异常，应结合 $CO$、$CF_4$ 含量及其他检测结果、设备电气特性、运行工况等进行综合分析。

## 案例二十八 220kV 组合电器验收试验发现绝缘缺陷检测分析

### 1 案例经过

某变电站 220kV 组合电器为双母线双分段接线方式，安装调试后计划 2016 年 2 月投运。2015 年 12 月 16 日，电气试验班人员对该站 220kV 组合电器设备进行交接验收试验，带母线 TV 进行 B 相通电检查时，发现设备无法升压，经厂家人员查找故障原因为 TV 二次接线错误。问题处理后于 2016 年 1 月 20 日再次进行耐压试验，A、B 相耐压试验顺利通过，而 C 相在耐压试验过程中多次发生放电现象，且放电电压存在降低趋势，判断 C 相内部绝缘损坏。耐压试验过程中利用局放测试仪进行故障点定位，确定放电位置为 I 母线黄河一线隔离开关下侧，解体检修后发现故障点处盆式绝缘子击穿。对该盆式绝缘子进行更换后，2016 年 1 月 29 日进行第 3 次耐压试验，耐压试验顺利通过。

### 2 检测分析

#### 2.1 2015 年 12 月 16 日初次验收试验情况

2015 年 12 月 16 日，电气试验班人员对该站 220kV 组合电器设备进行验收试验，在测得组合电器回路电阻和微水含量合格、所有气室表压正常后，对设备进行交流耐压试验。试验过程见表 28-1。

表 28-1　2015 年 12 月 16 日 220kV 组合电器设备 B 相试验情况

| 阶段 | 加压等级（kV） | 加压时间（min） | 结论 |
| --- | --- | --- | --- |
| 带 I、II 母线所有间隔加压 | | | |
| 1 | 146（通电检查） | — | 无法升压 |
| 甩开母线 TV 后继续试验 | | | |
| 2 | 146（通电检查） | 5 | 通过 |
| 3 | 252（老炼） | 5 | 通过 |
| 4 | 390 | 1 | 放电 |

带母线 TV 进行 B 相通电检查时发现试验设备无法升压，检查试验接线无误。甩开母线 TV 后继续进行试验，电压升至 390kV 时放电，试验仪器损坏。

试验结束后厂家人员对母线 TV 进行检查，发现 I 母线 TV 二次线接线错误并进行了整改处理。

## 2.2　2016 年 1 月 20 日验收试验情况

2016 年 1 月 20 日，电气试验班人员再次对变电站 220kV 组合电器设备进行耐压试验。

（1）首先对上次发生放电的 B 相进行试验（带Ⅰ、Ⅱ母线加所有间隔），试验情况见表 28-2。

表 28-2　　　　　　　　　B 相 耐 压 试 验 情 况

| 阶段 | 加压等级（kV） | 加压时间（min） | 结论 |
|---|---|---|---|
| 1 | 146（通电检查） | 5 | 通过 |
| 2 | 252（老炼） | 5 | 通过 |
| 3 | 460 | 1 | 通过 |

（2）随后进行 A 相进行耐压试验（带Ⅰ、Ⅱ母线加所有间隔），试验情况见表 28-3。

表 28-3　　　　　　　　　A 相 耐 压 试 验 情 况

| 阶段 | 加压等级（kV） | 加压时间（min） | 结论 |
|---|---|---|---|
| 1 | 146（通电检查） | 5 | 通过 |
| 2 | 252（老炼） | 5 | 通过 |
| 3 | 280 | — | 放电 |
| 4 | 352 | — | 放电 |
| 5 | 400 | — | 放电 |
| 6 | 460 | 1 | 通过 |

A 相试验耐压过程中，分别在电压 280kV、352kV 以及 400kV 时发生了 3 次放电，由于耐压值逐步升高，最后在第 4 次耐压试验时通过，判断放电原因为组合电器内部存在毛刺引起。

（3）C 相耐压试验。C 相通电检查 146kV 顺利通过，甩开电压互感器进行老炼试验，电压升至 233kV 发生放电；放电后重新进行老炼试验，电压升至 252kV 0.5min 后再次发生放电。为查找放电原因，厂家技术人员采用 WHNR-WAEDS-1 型组合电器无线击穿定位系统进行放电定位，定位过程如图 28-1 所示。定位故障点期间，分别在 200kV、190kV 以及 175kV 发生 3 次发电，最终在电压升至 175kV 时，确定放电位置发生在Ⅰ母线黄河一线隔离开关下侧，且电压逐渐呈现下降趋势，经与厂家技术人员共同分析，初步判断组合电器内部发生绝缘击穿。

图 28-1　组合电器内部放电定位

拉开 220kV Ⅰ 母线 21-B 隔离开关，甩开 21-B 母线后对剩余间隔进行耐压，耐压一次通过。C 相耐压数据见表 28-4。

表 28-4　　　　　　　　　　C 相 耐 压 试 验 情 况

| 阶段 | 加压等级（kV） | 加压时间（min） | 结论 |
| --- | --- | --- | --- |
| 带 Ⅰ、Ⅱ 母线加所有间隔 | | | |
| 1 | 146（通电检查） | 5 | 通过 |
| 2 | 233（老炼） | — | 放电 |
| 3 | 252（老炼） | 0.5 | 放电 |
| 4 | 200（老炼） | — | 放电 |
| 5 | 190（老炼） | — | 放电 |
| 6 | 175（老炼） | — | 放电 |
| 甩开 21-B 母线 | | | |
| 7 | 252（老炼） | 5 | 通过 |
| 8 | 352 | — | 放电 |
| 9 | 382 | — | 放电 |
| 10 | 445 | 1 | 通过 |

## 3　隐患处理情况

2016 年 1 月 21 日，厂家技术人员对故障点处进行解体检查，解体后发现，220kV Ⅰ 母线黄河 Ⅰ 线处盆式绝缘子表面有明显击穿痕迹，如图 28-2 所示。

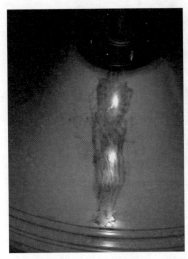

图 28-2　盆式绝缘子放电

为保证该站按时投运，制造厂立即发送配件，并在现场对盆式绝缘子进行了更换，处理过程如图 28-3 所示。

图 28-3　更换盆式绝缘子

2016 年 1 月 29 日，电气试验班人员对该组合电器进行第 3 次交流耐压试验，试验过程未见异常，交流耐压试验顺利通过，现场试验如图 28-4 所示。

图 28-4　组合电器现场交流耐压试验

## 4　经验体会

（1）组合电器设备现场交接试验至关重要，在验收组合电器时采用交流耐压配合局部放电检测可以有效发现组合电器设备内部存在的缺陷。定位缺陷位置，有助于及时处理存在的缺陷，保证组合电器设备能按计划投运。

（2）组合电器安装时应严格把关，严格按要求规范现场施工工艺。同时组合电器设备验收试验必须严格遵守规程规定的项目、程序和试验值，发现异常及时处理，防止投运后留下运行隐患。

## 案例二十九　220kV 组合电器耐压试验异常检测分析

### 1　案例经过

某变电站 220kV 组合电器为双母线双分段接线方式，2005 年 9 月投运。2014 年该站组合电器在运行过程中，213、219 间的隔离开关出现绝缘击穿故障，当时将两间隔的三相隔离开关进行了更换。为彻底消除设备存在隐患，2015 年 9 月～12 月对该站的隔离开关、接地开关等进行了一次整体大修。此次检修共分为五个阶段实施，第一阶段，将信谭Ⅱ线 218 停电，对信谭Ⅱ线 218 间隔进行套管延伸改造，TV 改造；第二阶段，A 段母线及相关间隔检修更换；第三阶段：2 号母线停电，分段间隔 22F 进行检修更换；第四阶段：B 段母线及相关间隔检修更换；第五阶段：1 号母线停电，分段间隔 21F 进行检修更换。

在完成第四阶段的检修更换工作后，2015 年 12 月 9 日，电气试验人员对 B 段母线及出线间隔进行耐压试验，试验中 A、B 两相顺利通过耐压试验，而 C 相在串联谐振装置升压到 5.6kV 时便无法继续升压。试验人员排除试验装置的问题后，经过逐个间隔轮试，将缺陷锁定在 219 间隔。拉开 219-1 隔离开关、219-2 隔离开关后，串谐装置升压到 316kV；而连接上 219 间隔后，串谐装置只能升压到 5.6kV，之后，对 219 间隔不同部位分别进行耐压试验，将缺陷定位在 219-3 隔离开关和出线套管气室。

2015 年 12 月 10 日，厂家技术人员打开 219-3 隔离开关及出线套管气室，发现出线套管 C 相气室竟然为真空状态，气室内无 $SF_6$ 气体。随后，对出线套管 C 相气室进行充气、静置，再次进行 C 相耐压试验，顺利通过。

### 2　检测分析

2015 年 12 月 9 日，电气试验人员对某 220kV 变电站 B 段母线及相关间隔进行耐压试验。完成试验接线，确定相关断路器、隔离开关的位置无误以及 TA 二次短接后，分别对 A、B 及 C 相进行耐压试验，加压部位选在 203 间隔套管，串联谐振装置试验系统如图 29-1 所示。

图 29-1　串联谐振装置试验系统

　　试验过程中 A、B 两相均顺利通过，而 C 相在试验过程中串联谐振装置升压到 5.6kV 时便无法继续升压。经检查试验接线、串联谐振装置空升无问题后，按表 29-1 所列方案进行分别加压试验。

表 29-1　　　　　　　　　B 段母线及相关间隔耐压顺序表（C 相）

| 序号 | 耐压间隔 | 电压能否升至 316kV |
|---|---|---|
| 1 | B 段母线、203、200B 间隔 | 是 |
| 2 | B 段母线、203、200B、216 间隔 | 是 |
| 3 | B 段母线、203、200B、216、217 间隔 | 是 |
| 4 | B 段母线、203、200B、216、217、220P1 间隔 | 是 |
| 5 | B 段母线、203、200B、216、217、220P1、220P2 间隔 | 是 |
| 6 | B 段母线、203、200B、216、217、220P1、220P2、218 间隔 | 是 |
| 7 | B 段母线、203、200B、216、217、220P1、220P2、218、219 间隔 | 否 |
| 8 | B 段母线、203、200B、216、217、220P1、220P2、218、220 间隔 | 是 |

　　从表 29-1 可以看出，219 间隔存在问题，为了进一步确定缺陷具体位置，按表 29-2 所列方案进行加压。

表 29-2　　　　　　　　　　　219 间隔耐压顺序（C 相）

| 序号 | 所带间隔 | 219 隔离开关及断路器位置 | 电压能否升至 316kV |
|---|---|---|---|
| 1 | B 段母线、203、200B、219 间隔 | 合上 -1、-2 隔离开关，合上断路器，分开 -3 隔离开关 | 是 |

续表

| 序号 | 所带间隔 | 219隔离开关及断路器位置 | 电压能否升至316kV |
|------|---------|---------------------|------------------|
| 2 | B段母线、203、200B、219间隔 | 合上−1、−2、−3隔离开关，合上断路器 | 否 |

从表29−2可以看出，分开219−3隔离开关时，电压能升到316kV，而合上219−3隔离开关后，电压只能维持在5.6kV，可判定缺陷出现在219−3隔离开关和出线套管气室。

## 3　隐患处理情况

2015年12月10日，厂家人员对219−3隔离开关及出线套管气室进行检查处理，打开219−3隔离开关气室未发现任何情况；而在检查出线套管气室时，发现C相气室竟然为真空状态，气室内无SF$_6$气体。由于219出线套管处的TV未装入，此气室为临时性充气，压力表也尚未安装。219出线套管抽真空时为三相一起进行，而往气室充SF$_6$气体时为三相分别进行，A、B相充气正常。而C相充SF$_6$气体过程中，在组合电器本体充气接头与气路接头对接时，顶针未顶开，SF$_6$气体未充入到气室中。将接头解体检查，发现接头中连接顶针的弹簧位置偏离，如图29−2～图29−4所示。

图29−2　组合电器本体上的接头与气连上的接头对接情况

图 29-3　顶针接触时未顶开　　　　图 29-4　接头解体进行检查

厂家人员随即将组合电器本体上的接头进行更换，验明与气路接头对接时顶针能被顶开，再次进行充气，静置后再次进行耐压试验，C 相顺利通过。

## 4　经验体会

（1）组合电器在交接验收、大修技改等场合需要交流耐压，出线套管气室因未装 TV 或避雷器而临时充气，即使未装压力表，也要在耐压试验前逐相进行气压检查，确保每个气室均已充气。

（2）试验人员在组合电器耐压时，若发现试验电压无法升高的现象，在排除试验系统接线问题、装置可以空升的情况下，需对进行耐压的组合电器进行分解，逐步缩小范围，直至找到缺陷部位。